鸡尾酒全书

210款酒谱及调酒技巧

法国拉鲁斯出版社　编

吴心怡　译

中国轻工业出版社

目录

给调酒师的一些建议！

虽然鸡尾酒现在非常流行，几乎每个人都可以即兴变身调酒师，但调酒仍然是一门艺术。为了不犯错误，很有必要熟悉这个圈子专属的技术和工具。

爱上本书中这些最经典和最创新的酒谱，成为一名真正的鸡尾酒专家吧！

调酒工具

摇酒壶有两种，本书用到的是由两个圆形杯体组成的波士顿摇酒壶（Boston Shaker，也称美式摇酒壶）。配料倒入下半部分（较小的杯体），冰块则倒入上半部分（不锈钢制的较大杯体）。在大多数配方中，摇晃后需要借助滤网过滤掉冰块和固体成分。如果有带内置过滤器的摇酒壶，就更简单了，只需将材料和冰块放在摇酒壶中，然后盖上盖子摇晃，使用盖子里内置的滤网过滤。在任何情况下都要避免摇晃过久，大约10秒钟就足够了，否则冰块可能会碎裂并融化，从而稀释鸡尾酒。

材料

本书里使用到的大多数酒都在超市有售。一些非常稀有的品种，可在厂家网站购买。调味伏特加酒和调味朗姆酒都可以直接购买，也可以自己简单制作。例如，只需要将水果块放入一瓶伏特加酒中，浸泡至少8~10天，就可以过滤得到调味伏特加。整本书都会陆续给出有关自制这些混合酒的建议。另外，蔬菜汁和水果汁最好选用新鲜的，用榨汁机或者简易搅拌机来自己制作。一定要使用优质且冷却好的材料和酒。别忘了，鸡尾酒最好的部分永远都是它的材料！

调酒工具

装备很重要！ 在目前专门用于调制鸡尾酒的多种器具中，有些工具永远都是不可或缺的。

摇酒壶

摇酒壶是被鸡尾酒爱好者认为最能代表调酒师的物品，其作用在于快速冷却并混合一定量的鸡尾酒，避免过度稀释，以保存酒的香气和平衡。

根据原产地的不同，摇酒壶的形状和名称也不同，比如法式摇酒壶和波士顿摇酒壶。我们可以在摇酒壶中"摇晃"果汁、糖浆或乳制品，鸡蛋甚至固体（例如蔬菜，香草，香料），制成鸡尾酒。

不同类型的摇酒壶：

>>三段式摇酒壶（英式）：为专业人士所偏爱，由一个主杯身和一个有顶盖的杯盖构成，优点是自带滤冰器。

>>波士顿摇酒壶：源自美国，由一大一小可以衔接闭合的两只杯子组成，较小的一只可由玻璃制成。

>>法式摇酒壶：与波士顿摇酒壶非常相似，由两个可以闭合的金属杯体构成，用于混合冰块和鸡尾酒。

过滤器

波士顿摇酒壶和法式摇酒壶必须借助滤网来过滤混合物。有时需要对鸡尾酒进行两次过滤，在这种情况下，需要一个更像是迷你中式漏勺的过滤器。根据类型的不同，摇酒壶常常与一种有弹簧的滤网（strainer）结合使用，这种过滤器也被称为滤冰器，用于将液体过滤到酒杯中。我们还会使用一种更细的中式过滤器（fine strainer），以滤除最后的一些较小的冰晶和果肉。

量酒器

国际上称为"jigger"，这个小配件可让您做出剂量恒定的鸡尾酒。 多年来，各国调酒师一直都很喜欢这种量杯，但是在法国，直到21世纪初重新改良鸡尾酒后，它才有了名气。事实上，在传统的法式酒吧中，每个调酒师都应当能够做到不借助工具就调出一杯完美的酒。不过，新一代的调酒师将量酒器视为结合个人风格与完美要求的一种方式，他们会交替使用日式圆锥量酒器和英式圆柱量酒器。量酒器的尺寸因类型而异，最常见的容量为40/20ml和50/30ml。

吧匙

所谓的吧匙，也称作长匙，是一种深受调酒师喜爱的多功能器具，其大小、形状和度量单位都可以变化。它的主要用途是混合或搅拌在调酒杯或直接在酒杯中制作的鸡尾酒，也可以作为计量器具使用，大多数吧匙的容量为5ml。吧匙还可以用于制作如"B-52轰炸机"等鸡尾酒的分层效果。某些日式的吧匙末端会带有一个小叉子，用来叉水果；而其他一些标准的吧匙则配有一个研杵，用来碾碎糖块。吧匙也可以用于搅拌冰块，冷却调酒杯。切记，调酒杯冷却后要去除多余的水分！

榨汁器

只需一点灵活技巧，就可以快速榨取柑橘类水果的果汁并过滤！

调酒杯

由玻璃或不锈钢制成，它的功能是在冷却和精准稀释的同时混合鸡尾酒。在玻璃调酒杯中测量液体比在银质或不锈钢制的摇酒壶中测量要容易得多。调酒杯总是与吧匙和鸡尾酒过滤器（一般有弹簧滤网）或者朱丽普滤冰器（Julep Strainer）配合使用。调酒杯通常仅用于需要特别精心调制的纯酒精类鸡尾酒，而不用于混合果汁、乳制品或糖浆。

研杵

主要用于制作莫吉托（Mojito）、凯匹林纳（Caipirinha）等由捣碎的水果与糖混合作为基底的鸡尾酒。

夹子

为了保证卫生，最好配备水果夹和冰夹。

酒杯

酒杯的选择也是鸡尾酒制作中的一个重要因素（见50~51页）。短饮（shorts）指每杯容量为120~150ml的鸡尾酒，长饮（long drinks）的每杯容量为250~300ml。短饮不加冰块，而长饮一般会加满冰块。不过，古典鸡尾酒（Old-Fashioned）总是会搭配冰块。

鸡尾酒有各种不同的做法，可以借助搅拌机、摇酒壶、直接在酒杯或在调酒杯里制作。调酒杯让人想起詹姆斯·邦德最爱的维斯珀马天尼（Vesper Martini），不是用吧匙而是用摇酒壶混合的，他特意叮嘱："用摇的，不要搅拌。"

朗姆酒

朗姆酒最初由甘蔗简单打碎后取得的果汁蒸馏而成,不过,现在全球90%以上的朗姆酒用的原料都是废糖蜜(一种将甘蔗加工成红糖后留下的浓稠的残留液体)。由于废糖蜜的采购成本远低于甘蔗汁,并且保存效果更好、蒸馏方式更简单,它成了朗姆酒生产商们理想的原材料。卡沙夏(Cachaça)是朗姆酒在巴西的替代品,必须使用甘蔗汁制作,低温蒸馏并立刻装瓶,才能当得起这个称号。

很多人会将像朗姆酒和卡沙夏这样以甘蔗为原料制成的酒类与鸡尾酒联系在一起。的确,这两种酒自诞生起就引起了爱好者将它们混合的渴望。

弗朗西斯·德雷克爵士,人称"巨龙",因16世纪在英国舰队中的传奇功绩而闻名,最早品尝了以甘蔗酒为基础的调和酒,调酒的人是他的堂兄弟理查德·德雷克爵士。这款鸡尾酒由塔菲亚(糖蜜朗姆酒)、蔗糖、一种生长在甘蔗旁边的野生薄荷hierba buena加上青柠檬制成,也是著名的莫吉托的初版。

一个多世纪以后,因其老旧的格罗格兰姆呢背心而被称为"老格罗格"的英国海军军官爱德华·弗农为了减少酗酒问题,决定控制水手们的朗姆酒消费。确实,尽管当时医学上认为朗姆酒是有用的,但它会让水手们变得不清醒和危险。爱德华·弗农要求船员用水稀释朗姆酒,以减少每日酒精摄入量,这碰巧日后在经过几次小改进后成为了格罗格酒(掺水烈酒)。

很明显,不论是出于品鉴目的,还是在调酒中的应用,由蒸馏甘蔗汁而来的朗姆酒一直都深受人们欢迎,现今已成为世界上最受欢迎且消费最多的烈酒之一。

原味莫吉托
MOJITO ORIGINAL

1杯

新鲜薄荷 10片

青柠檬块 半个的量

粗红糖 3小匙

古巴朗姆酒 40ml

气泡水 40ml

安哥斯图娜苦酒 1滴

在厚平底杯中依次放入薄荷、青柠檬和粗红糖，倒入一点气泡水，一起捣碎。加入朗姆酒，装满冰块，再倒满气泡水，完全混合后加入一点苦酒即可。可用一根吸管和薄荷小枝装饰。

凯匹林纳鸡尾酒

CAÏPIRINHA

1杯

青柠檬块 半个的量

粗红糖 1汤匙

卡沙夏 60ml

直接在老式杯中捣碎青柠檬块和粗红糖。旋转酒杯，使混合物挂在杯内壁，用冰块或碎冰装满，倒入卡沙夏，用吧匙搅匀即可。可用搅拌棒和一根吸管装饰。

Note

小贴士 ————————————————

凯匹林纳是巴西的"国民"鸡尾酒，如今在全球也享有盛名。卡沙夏原本不算出名，但由于凯匹林纳成为了节日和音乐的象征，才使得更多的人有机会欢聚共饮这款烈酒。

拓荒者潘趣

PUNCH MARTINIQUAIS / PLANTER'S PUNCH

4.5L

马提尼克朗姆酒 1.5L

番石榴汁 450ml

菠萝汁 450ml

橙汁 450ml

百香果汁 450ml

香草糖浆 450ml

柠檬 1个

橙子 1个

菠萝 半个

百香果 1个

香茅 1根

迷迭香 少许

将所有液体倒入一个带龙头的大型容器中搅匀，加入一些冰块。将柠檬和橙子切片，菠萝四等分切块，放入容器中，再加入百香果的果肉、香茅和迷迭香，再次搅拌即可。

印度潘趣

PUNCH INDIEN

4.5L

白朗姆酒 1L

青柠檬汁 1.35L

木槿花糖浆 900ml

香草糖浆 450ml

青柠檬 1个

干木槿花 5朵

将所有液体倒入一个带龙头的大型容器中搅匀，加入一些冰块。柠檬切片后和木槿花一起加入到容器中即可。

迈泰

MAI TAI

4.5L

白朗姆酒 1.5L

橙皮甜酒 450ml

青柠檬汁 1.35L

巴旦木糖浆 900ml

青柠檬 1个

将所有液体倒入一个带龙头的大型容器中搅匀，加一些冰块。放入切片的柠檬，再次搅匀即可。

椰林飘香

PIÑA COLADA

椰林飘香于1950年至1960年间在波多黎各发明，原名意为"过熟的菠萝"。这种鸡尾酒可以盛放在挖空的菠萝中。这里用椰奶替换奶油。

1杯

椰奶 30ml

菠萝汁 70ml

白甘蔗汁朗姆酒 40ml

装饰

椰子粉 少量

菠萝 1块

白兰地樱桃 1颗

将椰奶、菠萝汁和朗姆酒直接倒入搅拌机中，加入一些冰块，长时间搅拌。混合充分后，将鸡尾酒倒入沾有椰子粉的厚平底杯，并用菠萝块和白兰地樱桃装饰。

小潘趣
TI'PUNCH

作为马提尼克岛的特色，小潘趣只用当地产的朗姆酒制作，酒精含量至少为50%。这款鸡尾酒最好不加冰，在饮用时搭配一瓶冰水。

1杯

蔗糖糖浆 10ml（或糖粉1小匙）

青柠檬 1/4个

50%vol.马提尼克农业朗姆酒 40ml

（如三河白朗姆酒）

在老式杯中倒入糖浆，挤入青柠檬汁，将柠檬也放入杯中。倒入朗姆酒，配合冰水饮用。

复古格罗格
GROG VINTAGE

热鸡尾酒

1杯

柠檬汁　50ml

洋槐花蜂蜜　20ml

热水　50ml

肉桂粉　1g

安哥斯图娜苦酒　2滴

琥珀朗姆酒　40ml

柠檬皮、丁香子　少许

将所有配料放入锅中，小火加热。充分搅匀后装杯，放入一块插着丁香子的柠檬皮即可。

六月
EL JÜNA

1杯

卡沙夏　60ml

斐济果　2颗

葡萄柚汁　20ml

菠萝汁　20ml

番石榴汁　40ml

在搅拌机中直接放入洗净并切块的斐济果，然后倒入葡萄柚汁、菠萝汁、番石榴汁和卡沙夏酒。混合20秒，倒入装满冰块的玻璃杯中。这款鸡尾酒可以搭配异国风情的水果。

草莓朗姆

RHUM ARRANGE FRAISE

1L

50%vol. 甘蔗汁朗姆酒 800ml

蔗糖糖浆 150ml

粗红糖 3汤匙

新鲜草莓 6个

在玻璃瓶中倒入朗姆酒、糖浆和粗红糖。草莓切半后放入瓶中，浸渍1周，期间注意经常搅拌。

Note
小贴士 ——————————————————

草莓在几天后开始变白，朗姆酒则会转为石榴红色，饮用前记得先更换草莓。

焦糖莫吉托

CARAMELITO MOJITO

1杯

新鲜薄荷叶 10片

青柠檬块 半个的量

菠萝 4小块

液体焦糖 10ml

古巴朗姆酒 40ml

姜汁汽水 40ml（如Canada Dry®）

装饰

菠萝 1块

在厚平底杯中依次放入薄荷，青柠檬，菠萝和焦糖，一起捣碎后加入朗姆酒。加满碎冰，再倒入汽水，充分混合即可。用一根吸管，一小枝薄荷和一块菠萝点缀。

土著鸡尾酒

INDIGÈNE

1杯

薄荷叶 8片

泰国罗勒 8片

青柠檬 3/4个

葡萄干罗勒调味朗姆酒 50ml（见小贴士）

玛萨拉混合饮 30ml（见小贴士）

姜汁汽水 适量（如怡泉）

装饰

葡萄干 少许

罗勒小枝 1枝

在厚平底杯中捣碎薄荷、罗勒和青柠檬。加满碎冰并倒入葡萄干调味朗姆酒和玛萨拉混合饮，加入姜汁汽水，用吧匙充分混合。在碎冰上装饰葡萄干和罗勒叶。

Note

小贴士 ————

制作700ml葡萄干罗勒调味朗姆酒，需要一瓶朗姆酒，100g葡萄干，20片泰国罗勒。在锅中加热朗姆酒（不烧开）。在容量1L的大玻璃瓶中放入葡萄干、罗勒和温热的酒。盖好瓶子，充分摇匀，常温浸泡5天。

制作200ml玛萨拉混合饮，在瓶中加入100ml芒果冰沙，100ml百香果冰沙和0.5g格拉姆玛萨拉混合香料粉，充分摇匀即可，即做即用，在冰箱中最多可以保存3天。

记忆闪回
FLASH BACK

4杯

陈朗姆酒 160ml

零陵香豆 四五颗

接骨木花利口酒 120ml

冷香草茶 380ml

百香果 2个

在朗姆酒中放入四五颗零陵香豆，浸泡3天后过滤。制作香草茶，冷藏保存。摇酒壶中装入一半碎冰，倒入朗姆酒、利口酒、冷香草茶和百香果肉，摇匀即可饮用。

幸运时光
LUCKY TIME

4杯

椰枣 4颗

梨汁 280ml

杏仁奶 280ml

生姜糖浆 80ml

琥珀朗姆酒 160ml

搅拌机中放满一半碎冰，再放入切半的椰枣、梨汁、杏仁奶、生姜糖浆和朗姆酒，搅拌约10秒即可。

巴彦冰点

BAJAN COOLER

"日食"朗姆酒（也称禧年朗姆酒）起源于1910年的一场日全食和哈雷彗星的经过，这一天文现象的深度和复杂性完美契合了巴巴多斯岛产出的朗姆酒的特点。

1杯

百香果泥 20ml（或百香果半个）

巴巴多斯岛琥珀朗姆酒 50ml

（如凯珊禧年）

生姜啤酒 100ml

装饰

薄荷 1片

在摇酒壶中装满冰块，倒入百香果泥（或半个百香果）和朗姆酒。盖上摇酒壶，充分摇晃后倒入一个装满冰块或碎冰的厚平底杯。加入生姜啤酒，装饰上薄荷叶即可。

雀跃1881

RUMBULLION 1881

4.5L

马提尼克朗姆酒 1.5L

猕猴桃汁 900ml

百香果汁 900ml

菠萝汁 900ml

猕猴桃 1个

菠萝 半个

百香果 2个

将所有液体倒入一个带龙头的大型容器中搅匀，然后加入一些冰块。猕猴桃切片，菠萝切四等分小块，和百香果肉一起放入容器，再次搅匀即可。

Note

小贴士

"rumbullion"的原意是当地土著第一次喝到朗姆酒的兴奋状态，也是"rum"（朗姆）这个词的来源。

柑橘香调味朗姆酒

RHUM ARRANGÉ AGRUMES

1L

50%vol.农业朗姆酒 750ml

蔗糖糖浆 150ml

粗红糖 3汤匙

橙皮 1个的量

柠檬皮 1个的量

葡萄柚皮 半个的量

在瓶中装入朗姆酒、糖浆、粗红糖，用剥皮器分别削出三种水果的果皮，放入瓶中。浸泡一周，期间注意时常搅拌。

苹果肉桂调味朗姆酒

RHUM ARRANGE POMME & CANNELLE

1L

50%vol.农业朗姆酒 750ml

蔗糖糖浆 150ml

粗红糖 3汤匙

苹果 两三个

肉桂棒 4根

在瓶中装入朗姆酒、糖浆和粗红糖。小心将苹果分别切成四块，取出苹果子，同肉桂棒一起放入容器，浸泡1周。24小时后先品尝一下，如果肉桂味道过重，可以取出肉桂棒，接下来注意时常搅拌即可。

红浆果莫吉托

RED BERRIES MOJITO

1杯

新鲜薄荷 10片

青柠檬丁 半个的量

液体糖浆 10ml

古巴朗姆酒 40ml

红浆果酱 40ml（或红浆果泥）

气泡水 40ml

装饰

浆果 少许

　　厚平底杯中放入薄荷叶、青柠檬丁和糖浆，捣碎后加入朗姆酒。装满碎冰，倒入气泡水和红浆果酱，充分混合后用一根吸管和一支插着红浆果的竹签装饰即可。

雪花
SNOWFLAKE

1杯

龙舌兰糖浆 10ml

荔枝糖浆 10ml

椰奶 20ml

卡沙夏 40ml

在摇酒壶中倒入龙舌兰糖浆、荔枝糖浆、椰奶和卡沙夏，装满冰块，盖上摇酒壶并充分摇匀。借助滤网过滤并装入马天尼酒杯即可。

微笑
SMILE

1杯

朗姆酒 50ml

香草利口酒 10ml

菠萝汁 50ml

芒果原汁 40ml

百香果 1个

生姜糖浆 20ml

在搅拌机中放一半冰块，倒入菠萝汁和芒果原汁。百香果切半，取出果肉，与生姜糖浆、朗姆酒、香草利口酒一起加入搅拌机。搅拌约10秒，装入花式酒杯，插上一根吸管即可。

僵尸

ZOMBIE

4.5L

白朗姆酒 1L

琥珀朗姆酒 900ml

百香果汁 900ml

菠萝汁 900ml

杏子利口酒 450ml

石榴糖浆 350ml

百香果 3个

菠萝 半个

将所有液体倒入一个带龙头的大型容器中搅匀，加入一些冰块。菠萝切成四等份，与百香果肉一起放入容器即可。

Note

小贴士

想要惊艳到客人？在酒杯摆上半个挖空的百香果，倒入少许朗姆酒，点燃吧！

马塞尔朗姆酒

RHUM À MARCEL

热鸡尾酒

1杯

柠檬汁 60ml

橙汁 120ml

糖浆 20ml

安德列斯岛白朗姆酒 60ml

肉桂粉 2g

小火加热柠檬汁、橙汁、糖浆和朗姆酒，加入肉桂粉，充分搅拌即可。

坏脾气栗色猫

CHAT TEIGNE

热鸡尾酒

1杯

牛奶 120ml

栗子酱 2小匙

红茶 70ml

3年古巴朗姆酒 40ml

栗子乳酒 20ml

装饰

冰糖栗子碎

在奶油发泡器中放入牛奶和栗子酱，打入两只发泡剂。上下旋转发泡器，充分混合并让气体流通。冷藏24小时待用。泡好红茶，加入古巴朗姆酒和板栗酱，混合倒入杯中。用发泡器挤上奶油，再装饰上冰糖栗子碎即可。

罗勒樱桃调味朗姆酒

1L

50%vol.农业朗姆酒 750ml

蔗糖糖浆 150ml

粗红糖 2汤匙

樱桃（车厘子）25g

新鲜罗勒叶 10片

可食用罗勒精油 1滴（可选）

在瓶中倒入朗姆酒、糖浆和粗红糖。将樱桃和罗勒叶洗净，放入瓶中。加入罗勒精油搅拌。浸泡三周，期间注意经常搅拌。

Note
小贴士 ————

这款调味朗姆酒可以单独品尝，也可加上冰块，或者掺天然气泡水或苏打水饮用。

鸡尾酒的酒杯

　　酒杯对于鸡尾酒的外观和制作都十分重要。每款鸡尾酒都有与其尺寸和形状相配的酒杯。马天尼酒杯用于无冰饮料，比如 "大都会"（Cosmopolitan，也称"柯梦波丹"）或者各类"短饮"。高脚香槟酒杯则是起泡鸡尾酒的完美搭配。小酒杯（或"子弹杯"，shot）一般只用来盛放子弹酒（shooters），但也适用于其他的小型鸡尾酒，或用来品鉴纯酒。对于要和碎冰一起饮用的鸡尾酒，最好使用更大的酒杯，比如托蒂杯（toddy）。至于红酒杯，则顾名思义，专用于红酒，同时也完全适合水果风味的鸡尾酒，比如桑格利亚汽酒或者潘趣酒。

马天尼酒杯

　　马天尼酒杯建议用来盛放纯饮，冰镇，或者冰冻的短饮，容量一般在200ml左右。

红酒杯

　　红酒杯的容量一般在250ml左右，用于品尝红酒。人们也会用它来盛某些鸡尾酒，比如阿佩罗鸡尾酒（Aperol Spritz 或 Spritz）。

高球杯

　　这种酒杯也被称为柯林杯或者是大平底杯。高球杯会用来盛放如金菲士（Gin Fizz）这样的鸡尾酒，容量一般在350ml左右。

岩石杯（低口酒杯）

　　这种酒杯也被称为老式杯或小平底杯，一般用来品尝如凯匹林纳（Caïpirinha），黑俄罗斯（Black Russian），螺丝钻（Gimlet）等鸡尾酒。它的容量在300ml左右。

高脚香槟酒杯

　　细长的高脚杯可用来配合含香槟的鸡尾酒，加冰块用高球杯的情况除外，容量大约是180ml。

品鉴酒杯

　　这款酒杯的形状很适合用来评鉴酒的质量，一般很少用于平常饮用鸡尾酒。它的容量大约是120ml。

子弹杯

　　60ml的容量和矮小的形状使子弹杯成为小口品尝鸡尾酒的理想酒杯。喝无添加的龙舌兰酒或者伏特加酒，也有使用子弹杯的传统。

托蒂酒杯

　　托蒂杯用于饮用热鸡尾酒，特殊工艺让它可以在倒入开水的时候抵抗热冲击。它的容量约为250ml。

粉红莫吉托

PINK MOJITO

1杯

新鲜薄荷叶 10片

青柠檬丁 半个的量

玫瑰糖浆 10ml

古巴朗姆酒 40ml

无色桃子利口酒 20ml（如Peachtree®）

气泡水 40ml

装饰

四分之一个桃子

　　取一个厚平底杯，先放入薄荷、青柠檬和玫瑰糖浆，捣碎后加入朗姆酒。再装满碎冰，倒入桃子利口酒和气泡水。充分搅拌后，用一根吸管，一小片薄荷和一块桃子装饰。

东方果仁糖
PRALINETTE D'ORIENT

1杯

高品相椰枣 3颗

蔗糖糖浆 15ml

橙子汁 15ml

卡沙夏 50ml

装饰

椰枣

椰枣去核，在摇酒壶中同糖浆一起捣碎。加入橙汁和卡沙夏，装满冰块，盖上后充分摇晃5～10秒。借助滤网，过滤到酒杯中，用椰枣装饰即可。

科帕卡巴纳
COPACABANA

1杯

卡沙夏 50ml

甜炼乳 40ml

西印度樱桃汁 40ml

橙汁 400ml

胡萝卜汁 40ml

箭叶橙皮屑 少许

在搅拌机中放入6块冰块，再倒入炼乳、樱桃汁、橙汁、胡萝卜汁和卡沙夏，搅拌10秒。将混合好的鸡尾酒倒入花式酒杯中，撒上箭叶橙皮屑装饰即可。

科帕卡巴纳海滩

COPA CABANA BEACH

10杯

卡沙夏 500ml

青柠檬汁 200ml

液体糖浆 100ml

新鲜椰子水 600ml

青柠檬 1颗

盐之花（可选）

在大容器中倒入除盐之花外的所有材料，充分搅匀。注意要用新鲜的椰子水，因为这是唯一有天然碘盐味的食材。青柠檬切圆片，和冰块一同加入容器即可。

Note

小贴士

也可以在杯沿蘸半圈盐之花，增加咸味。

德雷克莫吉托

DRAKE MOJITO

10杯

安哥斯图娜苦酒 10滴

新鲜薄荷 1把

液体糖浆 300ml

青柠檬汁 350ml（9个柠檬的量）

琥珀朗姆酒 700ml（如哈瓦那俱乐部或者百加得）

　　混合水和安哥斯图娜苦酒，倒入冰块盒的每个小格中，冷冻至少3小时。薄荷叶略微切碎，与剩余材料一起放入大型容器中，充分搅拌。加入准备好的苦酒冰块，再次混合。装在老式杯中饮用即可。

奢华桑格利亚

LUXURY SANGRIA

10杯

橙子 1个

西柚 1个

白朗姆酒 200ml

红酒 400ml

橙子 200ml

黑樱桃利口酒 200ml

苦艾酒 50ml

肉桂棒 5根

八角 1个

橙子和西柚切片，与所有的材料直接倒入一个大容器，用吧匙搅匀，冷藏3小时后即可加冰块品尝。

激情故事

PASSION STORY

1杯

香草肉桂卡沙夏 40ml（见小贴士）

杏仁奶 30ml

石榴酒 20ml

菠萝汁 50ml

芒果汁 30ml

在摇酒壶中倒入所有液体，装满冰块，关合后剧烈摇晃5～10秒。过滤后倒入装满碎冰的杯子中。

Note

小贴士

制作700ml的香草肉桂卡沙夏，需要700ml卡沙夏，两根香草荚和三根肉桂棒。在锅中倒入卡沙夏，加入纵向剖成两半的香草荚和肉桂棒。搅拌并加热至将要沸腾的状态，将混合物倒入可密封的广口瓶中，浸渍48小时。

条纹鸡尾酒
COCKTAIL RAYE

1杯

茴香利口酒 20ml（如美丽莎）

朗姆酒 20ml

石榴糖浆 1小匙

日式清酒 20ml

特 制 鸡 尾 酒

将茴香酒倒入杯中，在另一个杯子中混合朗姆酒和石榴糖浆。借助吧匙将混合物倒入茴香酒中，注意要清楚地分出两个层次。用清酒重复一次同样的操作，同样借助吧匙做出第三层鸡尾酒，和前两层区别开。即刻品尝，风味更佳。

非洲故事
STORY OF AFRICA

1杯

菠萝 100g

香草利口酒 10ml

白甘蔗汁朗姆酒 40ml

洛神花糖浆 20ml

装饰

香草荚 1根

在摇酒壶中混合并捣碎菠萝和香草利口酒，加入朗姆酒和洛神花糖浆。加满冰块，关合摇酒器，剧烈摇晃5~10秒，用过滤器和精细滤网过滤两次，倒入鸡尾酒杯，并用1根香草荚装饰。

伏特加

伏特加长期以来被视为来自东方的简单马铃薯酒。在近几十年来，伏特加发展出了独特的制作工艺和令人惊艳的多样性。如今，市场上有四五千种伏特加，为全世界的调酒师提供了无限的发挥空间。

除了大型酒厂生产的著名伏特加，微型伏特加蒸馏厂也开始兴起，且意想不到地占据了可观的市场份额。这些后来者为有时遭到现代酒吧小觑的伏特加重振了形象，但是为什么会出现这样的轻视呢？很简单，伏特加已经陷入了时尚效应的陷阱。

在21世纪初，伏特加在多种鸡尾酒中的大量运用，渐渐造成了酒吧从业者们的紧张感，他们感到对伏特加的大量需求限制了自己使用其他酒类。因此，当这个潮流过去之后，为了转向其他酒类，调酒师们自愿放弃了这种酒。

尽管如此，凭着自己丰富多变的口味，伏特加作为一款烈酒，仍然可以创造出新颖惊艳的鸡尾酒。现在，所有大伏特加酒厂都提供多种不同的酒瓶款式，还尤其重视生产优质饮品，避免在消费者及调酒师心中的廉价形象。

大都会

COSMOPOLITAN

10杯

橙皮和青柠檬皮 15片

新鲜青柠檬汁 350ml

橙皮甜酒 350ml

蔓越莓果汁 200ml

伏特加 350ml

　　在小冰格中放入橙皮和青柠檬皮，加一点水，冷冻至少3小时。在一只大容器中放入做好的果皮冰块，然后倒入青柠檬汁，橙皮甜酒，蔓越莓果汁和伏特加。搅匀后倒入老式杯品尝。

黑俄罗斯

BLACK RUSSIAN

4小杯（子弹杯）

伏特加（俄罗斯本色）100ml

咖啡利口酒 60ml

在每个子弹杯中装满碎冰，依次倒入25ml伏特加和15ml咖啡利口酒，混合均匀即可。

Note

小贴士 ————————————————

制作"白俄罗斯"鸡尾酒，可以使用同样的配料，饮用前在表层加入10ml鲜奶油即可。

莫斯科骡子
MOSCOW MULE

1杯

薄荷头 1枝

青柠檬片 2片

伏特加 50ml

生姜啤酒 70ml

安哥斯图娜苦酒 1滴（可选）

装饰

柠檬片 1片

薄荷头 1枝

在厚平底杯中放入薄荷和青柠檬片。加满冰块，倒入伏特加，用吧匙充分混合。再倒入生姜啤酒搅拌。用一片柠檬和薄荷装饰，摆上搅拌棒和吸管，即可享用。

Note
小贴士 ──────

这款鸡尾酒发明于1941年的洛杉矶，大大促进了当时的伏特加销量，直到今天也依然如此。生姜啤酒是一种生姜口味的汽水，比生姜苏打水的口味更辛辣一些，通常可以买到芬味树（Fever Tree®）品牌的。

俄罗斯蓝潘趣

RUSSIAN BLUE PUNCH

4.5L

伏特加 1.5L

蓝库拉索酒 450ml

荔枝果汁 900ml

柠檬汁 900ml

糖浆 450ml

柠檬 1个

荔枝 10个

　　将所有液体倒入一个带龙头的大型容器中，搅匀后加入一些冰块。柠檬切圆片，和荔枝一起放入容器，再次搅拌均匀即可。

血腥玛丽
BLOODY MARY

1杯

芹菜盐 1小匙

伍斯特酱 10ml

柠檬汁 20ml

西红柿汁 60ml

塔巴斯科辣椒酱 3~4滴

伏特加 40ml

在厚平底杯中装满冰块，撒上少许芹菜盐，倒入伍斯特酱、柠檬汁、西红柿汁、塔巴斯科辣椒酱和伏特加。充分搅拌均匀，插一根吸管，就可以品尝了。

Note
小贴士 ————

这款鸡尾酒在1921年由费尔南得·帕蒂奥（Ferdinand Petiot）在巴黎格尔尼区（巴黎的歌剧院区域）的纽约酒吧［现名哈利酒吧（Harry's Bar）］首创，曾是法国著名艺术家赛日·甘斯布（Serge Gainsbourg）最爱的鸡尾酒，他喜欢在拉斐尔酒店舒适的酒吧里来上一杯。

俄罗斯的螺丝钻

RUSSIAN GIMLET

作为经典鸡尾酒的变形，俄罗斯的螺丝钻曾
为各种上流招待酒会所青睐。它制作简单，且能
让人即刻获得满足！

1杯

俄罗斯本色伏特加　50ml

青柠檬糖浆　20ml（如莫林）

在摇酒壶中装满冰块，倒入俄罗斯本
色伏特加和青柠檬糖浆。充分摇匀后过
滤，倒入酒杯即可。

芒果辣味马天尼

MANGO SPICY MARTINI

1杯

芒果汁 60ml

芒果利口酒 20ml

泰式辣椒调味伏特加 50ml

糖粉 3小匙

装饰

芒果薄片 1片

泰国辣椒 1只

在摇酒壶中倒入芒果汁、芒果利口酒、调味伏特加和糖粉。杯中装满冰块，盖好后充分摇晃5~10秒。过滤，去冰，装杯，用一片芒果和一只泰国辣椒装饰。

Note

小贴士

制作泰式辣椒调味伏特加：在一瓶伏特加中放入对半切开的泰国辣椒，常温浸泡72小时后，摇匀，用滤网和小中式过滤器过滤两遍，重新装回酒瓶中即可。

拉鲁斯激情海滩

S.O.T.B LAROUSSE STYLE

S.O.T.B（Sexy on The Beach）是一款全球闻名的鸡尾酒，这里介绍一款拉鲁斯独创的激情海滩。

1杯

伏特加 40ml

杏子利口酒 15ml

覆盆子糖浆 10ml

菠萝汁 60ml

百香果汁 30ml

百香果利口酒 15ml（如Passoa®）

草莓果泥 20ml

装饰

草莓 几颗

在摇酒壶中倒入伏特加、杏子利口酒、覆盆子糖浆、菠萝汁、百香果汁和利口酒。装满冰块后，盖上盖子，充分摇匀。将鸡尾酒和冰块一起倒入杯中，依次加入碎冰和草莓泥。可以将一颗草莓切薄片，展成扇形，用于装饰。

格雷茶苹果

APPLE GREY

建议使用茶宫法国红茶品牌"茶宫"（Palais des Thés）的诸王之茶（Thé des Lords）调制这款鸡尾酒。

1杯

金冠苹果丁 1/4个的量

蔗糖糖浆 20ml

酸青苹果利口酒 20ml

格雷伯爵茶调味伏特加 50ml

装饰

青苹果薄片

Note

小贴士

制作格雷伯爵红茶调味伏特加：在锅中加入1L伏特加和12g格雷伯爵红茶，搅拌并加热至将要沸腾前取下。将酒装入瓶中，浸渍8小时，过滤后即可使用。

在摇酒壶中将苹果丁混合糖浆捣碎。加入酸青苹果利口酒和调味伏特加，然后装满冰块，盖上盖子，充分摇晃5～10秒。用滤网和小中式过滤器过滤两遍，去冰，倒入马天尼酒杯。可用展开成扇形的苹果薄片装饰。

龙之影
DRAGON SHADOW

栗子酱爱好者注意了！这款鸡尾酒加上栗子酱，真的是惊人的好喝！

1杯

肉桂糖浆 10ml

栗子酱 2小匙

柠檬调味伏特加 50ml

装饰

橙皮 1长条

在摇酒壶中装满冰块，倒入肉桂糖浆、栗子酱和柠檬调味伏特加，盖好后充分摇匀。去冰，倒入马天尼酒杯，用一条长的橙皮点缀即可。

香蕉伏特加
VODKA BANANA

750ml

原味伏特加 600ml

蔗糖糖浆 120ml

香蕉软糖 20个

把伏特加和糖浆倒入一个瓶子，再加入香蕉软糖，搅拌。冷藏浸泡10天，即可享用。

汤力梅酒

TONI BERRY

4杯

伏特加　160ml

草莓糖浆　80ml

蔓越莓汁　240ml

汤力水　320ml（如怡泉）

青柠檬皮　1块

取一个摇酒壶，装满一半冰块，倒入伏特加、草莓糖浆和蔓越莓汁，摇匀后倒入酒杯中，加入青柠檬皮和汤力水即可饮用。

佩皮诺

PEPINO

1杯

香草调味伏特加 40ml

香梨 1个

黄瓜 1/4根

青柠檬 1/4个

薄荷 2小枝

　　香梨和黄瓜切小块，放入装满冰块的搅拌机中。再加入青柠檬汁，一枝薄荷和香草调味伏特加。搅拌均匀后装入花式酒杯，放上另一枝薄荷。取1/4个香梨切成薄片，展开成扇形，装饰杯子。

如何调好一杯鸡尾酒

调酒的基本法则多种多样，在不同的国家也会有所不同。本书介绍的是法式酒吧的标准，意味着久经考验的制作技术和品鉴专长。当然，有时候也要毫不犹豫地打破常规！

1 只使用一种基酒

这个规则可能让人有些意外，因为由几种酒调制的鸡尾酒很普遍。但是最好只优先使用鸡尾酒中的明星基酒，充分发挥其价值。这也符合一个葡萄种植国家珍爱的品酒艺术。

2 每杯不超过 70ml

"喝得少而精"也是调酒师们关注的核心。鸡尾酒艺术的全部要点在于，通过完整的品尝体验，优雅地享受优质酒精的乐趣。如今出现了很多度数更低的鸡尾酒，既有出众的感官品质，也给了人们再来一杯的机会。

3　3S 原则

　　这是鸡尾酒调制的标准。调酒师可以通过这3个S来实现对更好更和谐的鸡尾酒的追求。3S是三个英文词的首字母：sweet（甜度）、sour（酸度）和strong（力道）。鸡尾酒的甜味可以取自果汁、糖浆，甚至是水果或其他植物果肉，酸味则来自柑橙类水果或者酸味剂，口感的力道和主体就源于烈酒。遵守这三个S制作鸡尾酒，就能够调配出和谐的口感。

4　避免混合不相配的材料

　　看起来很容易，但是有些材料不容易相互调和，只会让鸡尾酒根本没法喝。最知名的例子就是柠檬汁与奶制品不搭配，或者苏打水与奶制品制成的利口酒不合作。第一种情况下，奶制品会凝结，而第二种情况下，鸡尾酒会变得很稠，甚至可能在饮用时产生危害。当然，也可以故意打破这个规则，比如，凝结的牛奶刚好可以作为天然过滤器，用于制作澄清鸡尾酒。

5　选用适合鸡尾酒风格的酒杯

　　没什么比在一个平底盘子里喝汤更不合时宜的了。鸡尾酒的世界也一样！酒杯对保证最佳体验来说至关重要。每个鸡尾酒家族的每一款酒都有对应的酒杯（见50-51页）。无论如何，即使是精美的花式酒杯，鸡尾酒的分量都要符合杯子的容量。

6　遵循鸡尾酒的制作步骤

　　即使经验丰富的调酒师们已经不太遵守了，但这一规则对于学习者依然很重要：在摇酒壶中先倒入酒精含量最低的材料，这样就可以在因用量或者用料错误而不得不倒掉酒的时候，减少经济损失。

巧克力薄荷伏特加

VODKA CHOCO-MENTHE

80ml

伏特加 600ml

巧克力薄荷口味糖浆 200ml

把伏特加和巧克力薄荷糖浆装入瓶中充分混合，常温保存。适合用冰至结霜的酒杯饮用。

Note

小贴士

巧克力薄荷糖浆可以在莫林的网站（www.moninshopping.com）线上购买。如果找不到这种糖浆，也可以在传统蔗糖糖浆中加入三块黑巧克力和一枝新鲜薄荷替代（此为一瓶酒用量）。

玛丽伏特加

VODKA MARY

600ml

600ml 伏特加

小西红柿 1串

芹菜 4根

塔巴斯科辣椒酱 4滴

伍斯特酱 4滴

芹菜盐 4小匙

小西红柿对半切开，与伏特加、芹菜、辣椒酱、伍斯特酱和芹菜盐一起放入瓶中。摇匀后冷藏一周，加入冰块饮用。

东方凯匹林纳

CAÏPIRINHA ORIENTALE

巴西国酒的创新版本，结合了浓郁的东方香调，去一千零一夜的国度享受这场旅行吧！

1杯

薄荷 6片

橙子丁 1/4个的量

肉桂糖浆 10ml

冰茉莉花茶 30ml

柠檬调味伏特加 40ml

装饰

橙子薄片 1片

肉桂棒 1根

在老式杯（类似威士忌酒杯）中放入薄荷、橙子丁和肉桂糖浆，轻轻捣碎。加入半杯碎冰，倒入冰茉莉花茶和柠檬调味伏特加。用吧匙混合，装饰上半片橙子和一根肉桂棒。可配一根吸管和搅拌棒，或搭配一只勺子，用于捞取橙子丁。

蓝色牛仔

BLUE JEAN

4杯

伏特加 160ml

蓝库拉索利口酒 80ml

青柠檬汁 80ml

汤力水 480ml

摇酒壶中装一半冰块，倒入伏特加、蓝库拉索利口酒和青柠檬汁，充分摇匀。用滤网过滤装杯，倒入汤力水即可。

淘气的苹果

TROUBLE APPLE

4杯

伏特加 160ml

酸苹果利口酒 160ml

青苹果糖浆 60ml

苏打水 420ml

摇酒壶中装一半冰块，倒入伏特加、酸苹果利口酒和青苹果糖浆，充分摇匀。用滤网过滤装杯，加入苏打水即可。

红色激情
ROUGE PASSION

1杯

橙子调味伏特加 40ml

西番莲果汁 40ml

草莓汁 40ml

蔓越莓汁 40ml

装饰

草莓 1颗

橙子 半片

在搅拌机中倒入西番莲果汁，草莓汁，蔓越莓汁和橙子调味伏特加，搅拌10秒。用装满冰块的酒杯盛放鸡尾酒，并用草莓和橙子装饰。

米诺陶

MINOTOR

10杯

伏特加 500ml

杏子利口酒 200ml

柠檬汁 200ml

肉桂糖浆 100ml

姜汁汽水 500ml（如Canada Dry®）

杏丁 2个的量

肉桂棒 5根

柠檬皮 少许

　　取一只大容器，倒入除汽水外的所有液体食材，加入新鲜杏丁和肉桂棒。需要饮用时装杯，加入姜汁汽水，冰块和少许柠檬皮。

柠檬草莫吉托

LEMONGRASS MOJITO

1杯

新鲜薄荷叶 10片

青柠檬丁 半个的量

香茅糖浆 10ml

伏特加 40ml

柠檬汽水 50ml

装饰

香茅 1根

薄荷尖 1枝

在玻璃杯中先放入薄荷、青柠檬和香茅糖浆。捣碎后加入伏特加，然后加满碎冰，倒入柠檬汽水，搅拌均匀。用一根吸管、一枝薄荷尖和一根香茅点缀。

红果骡子

RED BERRY MULE

10杯

覆盆子 1盒

蓝莓 1盒

糖浆 100ml

鲜榨青柠檬汁 200ml

草莓汁 200ml（如艾兰优果）

伏特加 400ml

生姜啤酒 750ml

覆盆子加少许水，用搅拌机搅成泥。制冰盒中每格放一颗蓝莓。过滤覆盆子泥，倒入冰格，冷冻至少3小时制成冰块。取一个大容器，倒入伏特加、糖浆、鲜榨青柠檬汁和草莓汁，搅拌均匀，冷藏保存。需要饮用时装杯，加入生姜啤酒和覆盆子冰块即可。

斑点蜜蜂

SPOTTED BEES

10杯

伏特加 400ml

百香果汁 200ml

香草利口酒 100ml

液体蜂蜜 100ml

百香果 10个

干香槟 750ml

　　取一只大容器，倒入除香槟外的所有材料，用吧匙充分搅匀。挖出百香果的果肉，加入鸡尾酒中，再次搅拌，最后加入香槟。轻轻搅拌，即可享用。

莫斯科咖啡

CAFÉ À MOSCOU

热 鸡 尾 酒

1杯

淡奶油 150ml

蔗糖糖浆 10ml

热咖啡 70ml

蜂蜜伏特加 50ml

青柠檬皮 少许

　　用叉子或奶油发泡器打发奶油，冷藏。混合咖啡、糖浆和蜂蜜伏特加，倒入杯中，挤上淡奶油。用青柠檬皮装饰，即可享用。

酸皇后

QUEEN SOUR

10杯

伏特加 500ml

柠檬汁 400ml

液体糖浆 300ml

苦樱桃酒 10滴

波特酒 100ml

装饰

黑樱桃 30颗

在摇酒壶中倒入除波特酒和黑樱桃以外的所有材料，充分混合后静置一会儿。在大容器中放入足量冰块，倒入混合物。借助吧匙，小心地在上层倒入波特酒。用黑樱桃小串装饰酒杯。

长岛冰茶

LONG ISLAND ICED TEA

10杯

伏特加 100ml

金酒 100ml

白朗姆酒 100ml

龙舌兰酒 100ml

橙皮甜酒 100ml

柠檬汁 200ml

可口可乐 1.5L

在大容器中直接倒入除可乐之外的所有材料。加入一些冰块，用吧匙搅匀。再倒入可乐，可乐会沉至底部，形成分层效果。

伏特加

礼拜堂

TABERNACLE

1杯

淡奶油 120ml

马鞭草茶 80ml

枫糖浆 20ml

伏特加 30ml

焦糖酱 少许

热鸡尾酒

用奶油发泡器或叉子打发奶油，冷藏保存。将热的马鞭草茶、枫糖浆与伏特加一起倒入杯中。杯顶挤上淡奶油，轻轻装饰一点焦糖酱即可。

番茄西瓜酒
TOMATO PASTEK

1杯

伏特加 40ml

绿茶 30ml

西瓜 1/4个

小西红柿 4颗

罗勒 2枝

蔗糖糖浆 20ml

泡好绿茶，放凉待用。西瓜和小西红柿切小块，罗勒切碎。将所有的材料和冰块一起混合均匀，倒入花式酒杯，装点上一串小西红柿和一片西瓜，即可品尝。

朝天红
RED UP

准备工作略复杂，但能带来更多视觉和味觉上的享受。

特调鸡尾酒

1杯

固体部分

香料糖浆 10ml（莫林的"Spicy"糖浆）

接骨木花浓缩汁 10ml

蔓越莓汁 60ml

食用吉利丁 1片

液体部分

埃斯普莱特辣椒 1g

白葡萄汁 20ml

接骨木花利口酒 20ml

大黄酸利口酒 20ml

伏特加 40ml

柑橘味怡泉汽水 60ml

提前一天制作红色果冻部分。将固体部分材料倒入锅中，小火加热，轻柔搅拌至吉利丁片融化。将酒杯靠在倾斜的平面上，趁热倒入混合物使果冻成型。耐心等待12小时，重新立正酒杯。品尝当天，在摇酒壶中加入埃斯普莱特辣椒、白葡萄汁、两种利口酒和伏特加。盖上杯盖，摇晃均匀后倒入装有红色果冻的酒杯中。最后加入柑橘味怡泉汽水，即可享用。

特调鸡尾酒

火星人来袭
MARS ATTACK

1杯

固体部分

绿薄荷糖浆 10ml

绿薄荷利口酒 10ml

接骨木花利口酒 10ml

绿茶 60ml

食用吉利丁 1片

液体部分

豌豆汁 20ml

接骨木花浓缩汁 30ml

柠檬调味伏特加 40ml

柠檬味怡泉汽水 60ml

用与本页上方红色果冻相同的方法制作绿色果冻。品尝当天准备鸡尾酒的液体部分：在摇酒壶中加入豌豆汁，接骨木花浓缩汁和柠檬调味伏特加。盖上盖子摇晃混合，倒入盛有绿色果冻的酒杯中。最后倒入柠檬味怡泉汽水，即可品尝。

Note
小贴士 ——————

酒的名字灵感源于电影《火星人玩转地球》中的绿色火星人。

龙舌兰酒 & 金酒

谁说白色的酒没有味道？这个人一定没尝过龙舌兰酒和金酒，这两种酒独特的制作方式带来了各自细腻的味道。

对金酒而言，杜松子混合了香草、柠檬乃至当归等植物，一同浸泡在提取自谷物的中性酒精中。这一制作过程赋予它浓郁厚重的香气，能为纯酒的品尝者带来一定的愉悦感，也能在优质鸡尾酒的调制中承担重任。由于含有多种植物成分，金酒可以与不同种类的食材和味道完美结合：果味、苦味、植物味……金酒在近几年重新流行起来，金汤力尤为受欢迎。

龙舌兰酒因其原料蓝色龙舌兰而拥有独特的味道。这种墨西哥特色植物在当地生长茂盛，平均需要8年才能生长到足够成熟，用于蒸馏并转化成烈酒。因为地理位置靠近墨西哥，以龙舌兰酒为基酒的经典鸡尾酒一直都在美国受到欢迎。在法国，龙舌兰酒被当作优质酒精的时间并不长，这是由于直到20世纪90年代，进口到法国的龙舌兰酒质量都较差，尤其是并不含蓝色龙舌兰。如今，龙舌兰酒在法国取得了真正的成功，为很多酒吧增加了业绩，也满足了越来越多愿意尝试墨西哥风情鸡尾酒的消费者的味蕾。

玛格丽特

MARGARITA

这款鸡尾酒兼有淡淡的苦涩和甜咸交织的味道，于1948年由玛格丽特·赛姆斯（Margarita Sames）在墨西哥的阿卡普尔科首创。在调酒时如果使用法国产的柑曼怡红带利口酒（Grand Marnier Cordon Rouge），就成了在美国深受喜爱的豪华玛格丽特。

1杯

柠檬汁 20ml

君度橙味利口酒Cointreau 30ml（或用柑曼怡红
带制作豪华版本）

龙舌兰酒 40ml

装饰

细盐

摇酒壶中倒入柠檬汁、橙味利口酒和龙舌兰酒。加满冰块，盖上盖子充分摇匀。用滤网过滤，倒入鸡尾酒杯即可。

Note
小贴士 ————————

可以用一片柠檬皮擦拭杯沿，擦过的部分蘸取平摊开的细盐。只在杯沿的一半蘸细盐，是为了给品尝者留有选择空间。

龙舌兰日出

TEQUILA SUNRISE

这款鸡尾酒1976年发明于圣弗朗西斯科，凭借日出般的暖色调外表被评为世界第一鸡尾酒。

1杯

鲜榨橙汁 80ml

龙舌兰酒 40ml

石榴糖浆 少许

在酒杯中装满冰块，倒入橙汁和龙舌兰酒，用吧匙搅匀。再加上一点石榴糖浆，轻轻搅拌以冲淡颜色。搭配搅拌棒和吸管饮用。

金菲士

GIN FIZZ

1杯

蔗糖糖浆 15ml（或糖粉1小匙）

柠檬汁 25ml

金酒 40ml

气泡水 适量

在摇酒壶中装满冰块，倒入糖浆、柠檬汁和金酒。盖上盖子，充分摇匀。去冰，倒入厚平底杯中，补上适量气泡水即可。

内格罗尼

NEGRONI

1杯

柠檬 1/2片

橙子 1/2片

金巴利酒 40ml

金酒 40ml

在平底杯中装满冰块，放入水果片，倒入金巴利酒和金酒，搅拌均匀即可。

绿色花

GREEN FLOWER

1杯

黄瓜 2片

香菜 6~8片

树胶糖浆 10ml（可默认为蔗糖糖浆）

青柠檬汁 10ml

蛋清 半个的量

生姜利口酒 25ml（如吉法香甜酒的"Ginger of the Indies"）

金酒 20ml

装饰

香菜 1片

在摇酒壶中捣碎黄瓜和香菜。加入糖浆、青柠檬汁、蛋清和生姜利口酒。填满冰块，盖上后充分摇匀。用滤网去冰，倒入鸡尾酒杯，用香菜装饰即可。

118

一号伤疤

SCAR ONE

1杯

薄荷 6片

菠萝 2片

菠萝糖浆 20ml

龙舌兰酒 40ml

百香果汁 适量

百香果 半个

在平底杯中捣碎薄荷和菠萝，填满碎冰后倒入龙舌兰酒和菠萝糖浆。加满百香果汁和半个百香果的果肉。充分搅匀后插上吸管即可。

空中气泡
SKY SPIRITZ

10杯

黄瓜 半根

接骨木花糖浆 150ml

柠檬汁 150ml

偏甜金酒 350ml（如普利茅斯金酒
或老汤姆金酒）

气泡水 350ml（如巴黎水）

装饰

红心葡萄柚 1块

用小号挖球器挖出黄瓜球，放入制冰
盒中，加水冷冻至少3小时。在大容器中
混合除气泡水之外的所有食材，冷藏至饮
用前取出，加入冰块和气泡水。用葡萄柚
块装饰杯子即可。

柚柚
POM POM

1杯

金酒 40ml

茴香根 1/4棵

白心葡萄柚 半个

生姜糖浆 20ml

蛋清 半个

汤力水 适量（如怡泉）

茴香根和葡萄柚切块，与生姜糖浆混
合。在无冰块的摇酒壶中放入蛋清并摇
晃。加入水果糖浆混合物和金酒，混合
约10秒。加入冰块和汤力水饮用。注意
泡沫！

帕洛玛

PALOMA

10杯

龙舌兰酒 500ml

青柠檬汁 200ml

红心葡萄柚汁 200ml

蜂蜜 200ml

起泡酒 750ml

青柠檬 10片

柚子皮 10片

在大容器中倒入除起泡酒之外的所有食材，冷藏。需要饮用时，加入冰块和起泡酒，用吧匙轻轻搅匀。每个酒杯用一片青柠檬和一条柚子皮装饰即可。

红狮子

RED LION

1杯

橙汁 15ml

柠檬汁 15ml

金万利力娇酒 30ml（或者柑曼怡香橙力娇酒）

金酒 30ml

在摇酒壶中装满冰块，倒入橙汁、柠檬汁、力口酒和金酒。盖上盖子充分摇匀。用滤网过滤，倒入鸡尾酒杯中即可。

红黄鸟

RED & YELLOW BIRD

4杯

金酒 160ml

新鲜橙汁 480ml

金巴利酒 160ml

半圆柠檬片 4片

在容器中倒入金酒，橙汁和金巴利酒，混合均匀后分倒入酒杯中。切好柠檬皮，放入杯中装饰即可。

圣莱波多

SÃO LEOPOLDO

1杯

金酒 40ml

接骨木花糖浆 20ml

青柠檬汁 10ml

瓜拉那南极洲汽水 40~60ml

青柠檬皮 1片

生姜 1片

在红酒杯中直接倒入金酒，糖浆和青柠檬汁。装满冰块再加满瓜拉那汽水。在杯中放入青柠檬皮和生姜片装饰即可。

Note
小贴士

瓜拉那南极洲汽水是一款典型的巴西碳酸饮料，含瓜拉那水果，在巴西被广泛饮用。注意，此饮料的咖啡因含量很高。

潘乔派对

PANCHO PARTY

1杯

龙舌兰酒 40ml

草莓 3颗

赤砂糖 1汤匙

青柠檬汁 半个的量

清洗草莓并切成两半，放入摇酒壶中，加入糖，捣碎。加入十几个冰块、青柠檬汁和龙舌兰酒。充分摇匀后用滤网过滤，倒入酒杯。趁凉饮用。

玛雅

MAYA

1杯

龙舌兰酒 40ml

浓缩梨子汁 25ml

蜂蜜 1汤匙

黑胡椒粒 适量

摇酒壶中装满冰块，倒入梨汁，龙舌兰酒和蜂蜜。充分摇匀后用滤网过滤，倒入杯中。撒上一圈新鲜研磨的黑胡椒粉。趁凉饮用。

再试一次

SECOND CHANCE

10杯

龙舌兰酒 400ml

青柠檬汁 200ml

龙舌兰蜂蜜 200ml

新鲜菠萝汁 400ml

迷迭香 3根

姜汁汽水 200ml

在大容器中直接倒入除汽水外的所有液体，加入一根迷迭香。需要饮用时，搅匀并加入姜汁汽水和冰块。用菠萝叶和迷迭香装饰即可。

装饰

菠萝叶 少量

迷迭香 少量

加农炮

CANON BALL

4.5L

龙舌兰酒 1.5L

甜瓜果肉泥 1.35L

青柠檬汁 900ml

龙舌兰蜂蜜 450ml

甜瓜 半个

罂粟籽 1汤匙

在带龙头的大瓶子或者大盆里倒入所有食材。搅拌后加入一些冰块。用挖球器挖出甜瓜小球，裹上罂粟籽，用木签插在酒杯中做装饰即可。

牙买加之花

FLEUR DE JAMAÏQUE

1杯

金酒 40ml

干洛神花 30g

糖 20g

制作洛神花茶：取20g干洛神花，在1L的80℃水中泡3小时，过滤后使用。

接下来制作洛神花糖浆：在锅中放入剩下的10g干洛神花、糖和200ml水。小火熬煮至浓稠，过滤后使用。

在杯中倒入金酒、250ml冷却的洛神花茶、10ml冷却的糖浆，即可饮用。

Note

小贴士

也可以使用市售的洛神花茶包和现成的糖浆。

恰恰之爱

CHACHA LOVE

1杯

白胡椒调味龙舌兰酒 40ml

红色浆果利口酒 20ml（法国香博利口酒或
吉发得利口酒）

草莓汁 20ml

覆盆子汁 20ml

接骨木花糖浆 10ml

装饰

浆果

可食用的花

在摇酒壶中倒入白胡椒调味龙舌兰酒、红色浆果酒、果汁和糖浆，装满冰块。充分摇晃5～10秒。用滤网过滤，倒入装满冰块的红酒杯中。用浆果或可食用的花朵装饰即可。

Note

小贴士 ———————————————

制作白胡椒调味龙舌兰酒：在一瓶700ml的龙舌兰酒中加入10g白胡椒，室温下浸泡72小时，使用前过滤。

火龙果

DRAGON FRUIT

1杯

金酒 40ml

火龙果 1个

青柠檬汁 30ml

橙汁 120ml

蔗糖糖浆 10ml

青柠檬皮（可选）适量

火龙果切掉顶端，挖出果肉榨汁后用滤网过滤，挖空的果皮待用。清洁搅拌机，放入所有食材，加入冰块，搅拌约10秒。倒入挖空的火龙果中饮用。可用青柠檬皮装饰。

鸡尾酒家族

"鸡尾酒家族"指的是有相同成分结构的鸡尾酒所共有的名称，如同鸡尾酒的姓氏，通常出现在酒名中，能够帮助消费者了解酒的最终口味。这里列举几个著名的鸡尾酒家族。

潘趣

潘趣（punch）一词来源于印地语"panch"的英语变形，意思是"五"。从1632年起，潘趣实际上代表着一种尤其受到英国移民和皇家海军青睐的混合饮料风尚，而并非某种鸡尾酒。潘趣由五种成分构成：烈酒，如巴塔维亚阿拉克（batavia arak）；印度茶，如大吉岭红茶；甜味成分；柠檬汁和香料。通常会事先在潘趣碗中直接准备好鸡尾酒，然后再盛入杯中饮用，以保持原始风格。

老式酒

"鸡尾酒"（cocktail）一词正式出现，是在1806年5月13日，美国纽约州的一家当地报纸上。在此之前，就已经存在被称为苦司令（bitter sling）的各种混合饮料，由烈酒、糖和苦味浓缩剂（苦酒）制成。这种成分组合经历了时光和风潮的考验，最终得到了"老式"这个名称，以纪念最早的鸡尾酒。老式鸡尾酒是在加了冰的老式玻璃杯中直接制作出来的。

酸酒

这个家族在调酒界占有重要的位置，因为大部分鸡尾酒的调配结构都遵循3S原则（见p87）。酸酒基础包含了基酒、柠檬汁和糖（液态或粉末）。为了做出更多变化，也可以添加蛋清来乳化鸡尾酒，并有更多质感。制作酸酒要用到摇酒壶，经典酸酒去冰后在高脚鸡尾酒杯中饮用，而加蛋清的酸酒需加冰后用老式杯饮用。

菲士

作为酸酒的表亲，菲士在其成分基础上加入了气泡水，从而有了满足味蕾的滋滋感觉。与酸酒一样，菲士也有各种变形，其中同样找得到蛋清的身影。加入蛋清可以制作银菲士，加入蛋黄则可以做黄金菲士（gold fizz，区别于金酒菲士 gin fizz）。制作菲士需要使用摇酒壶，经典款去冰，配合平底式长型酒杯饮用，其他变形款则带冰饮用。

可拉达

1954年，可拉达因著名的椰林飘香而广受欢迎，它最早来源于波多黎各圣胡安市的希尔顿卡里布酒店。这一鸡尾酒家族的调制基础是烈酒、奶、奶油或椰子水，还有果汁。可拉达用摇酒壶或者搅拌机制作，根据喜好加冰块或碎冰，配合长形酒杯饮用。

朱莉普

"朱莉普"（Julep）一词来源于阿拉伯语"julâb"，原意为"玫瑰水"。历史上，它指的是由蒸馏水和橙花制成的甜味药用饮料。十九世纪初，在美国南部出现了一种名为薄荷朱莉普（Mint Julep）的流行饮料。朱莉普有很多变种，但是这一鸡尾酒家族的主要特点是将新鲜薄荷作为主要原料。可以直接在朱莉普金属杯中制作，加上碎冰饮用。

龙舌兰大爆炸

TEQUILA BOOM

6小杯

龙舌兰酒 120ml

汤力水 120ml（如
怡泉）

红辣椒 6颗

在每个子弹杯中倒入20ml龙舌兰酒，再加入汤力水。放入一颗红辣椒，可以混合后饮用。

小红莓碎冰酒

CRANBERRY SMASH

4.5L

金酒 1.5L

蔓越莓汁 1.35L

青柠檬汁 900ml

红糖糖浆 450ml

青柠檬 1个

迷迭香 2根

在带龙头的大瓶子或者大盆中倒入所有材料。搅拌均匀后加一些冰块。青柠檬切片，与迷迭香一起加入容器即可。

布朗克斯

BRONX

1杯

橙汁 10ml

红味美思 15ml（如红马天尼）

干味美思 15ml（如干马天尼）

金酒 30ml

在装满冰块的摇酒壶中倒入橙汁、味美思和金酒，盖好后充分摇匀。用滤网过滤去冰，倒入马天尼酒杯即可。

Note
小贴士 ————————————

味美思是一种以葡萄酒为基础的开胃酒，其中最为知名的是马天尼，仙山露（Cinzano®）和干诺丽普拉（Dry Noilly Prat®，产于马尔塞扬的法国味美思）。

141

我的天哪

AÏE CARAMBA

1小杯

龙舌兰酒 40ml

辣椒酱 1小匙（如葡萄牙的
piri-piri辣椒酱）

糖浆 10ml

柠檬汁 10ml

在装满冰块的摇酒壶中倒入辣椒酱、糖浆=柠檬汁和龙舌兰酒。摇匀后用滤网过滤，倒入酒杯。趁凉饮用。

瓜达

GUADA

1杯

帕玛红石榴利口酒 20ml

龙舌兰 30ml

青柠檬汁 15ml

现磨白胡椒粉 适量

在装满冰块的摇酒壶中，倒入青柠檬汁，红石榴酒和龙舌兰酒。充分摇匀，用滤网过滤，倒入酒杯。最后撒上一层现磨白胡椒粉。趁凉饮用。

芒果花

MANGO FLOWER

10杯

龙舌兰酒 400ml

接骨木花利口酒 200ml

芒果汁 400ml

青柠檬汁 100ml

桃子起泡酒 750ml

装饰

芒果 1个

青柠檬 1个

在大容器中倒入除起泡酒外的所有食材。用吧匙搅匀，加入冰块和桃子起泡酒。芒果和青柠檬切块，用于装饰。

墨西哥花园

MEXICAN GARDEN

4小杯

红甜椒 1小块

黑胡椒 2粒

龙舌兰酒 40ml

伍斯特郡酱 3滴

柠檬汁 15ml

西红柿汁 60ml

苦艾调味汁 2滴

装饰

芹菜 1块

小红辣椒 2个

小西红柿 2个

在摇酒壶中压碎红甜椒和黑胡椒粒。加入龙舌兰酒、伍斯特郡酱、柠檬汁、西红柿汁和苦艾调味汁，装满冰块，盖上后充分摇晃5～10秒。分别用漏勺和滤网过滤两次后倒入子弹杯。饮用时用芹菜、小红辣椒和半个小西红柿装饰。

酸味伯蒂

BERTHIE SOUR

1杯

柠檬汁 20ml

香料糖浆 15ml（莫林）

红甜椒汁 15ml

龙舌兰酒 40ml

装饰

小红辣椒 1个（可选）

在摇酒壶中倒入柠檬汁、香料糖浆、甜椒汁和龙舌兰酒。装满冰块后盖好充分摇晃。用滤网过滤后倒入马天尼酒杯中，可以用小红辣椒装饰。

Note
小贴士

红甜椒汁可以用榨汁机或搅拌机制作。甜椒切块，加入约100ml矿泉水，放入搅拌机，搅拌后用滤网过滤出果汁。

新鲜空气

FRESH AIR

10杯

金酒 400ml

白马天尼 400ml

柠檬汁 200ml（4个柠檬的量）

液体糖浆 100ml

柠檬汽水 1.5L

装饰

柠檬百里香 几根（一种杂交出柠檬香气
的百里香）

橙子 1个

在大容器中加入除柠檬汽水外所有液
体材料，搅拌均匀。加入几根柠檬百里
香，留下几支用于装饰。冷藏至需要饮用
时，加入冰块和柠檬汽水。橙子切片，和
百里香一起装饰酒杯。

热火咖啡

COFFEE

热鸡尾酒

1杯

淡奶油 200ml

红辣椒粉 2g

蔗糖糖浆 20ml

龙舌兰酒 60ml

咖啡 120ml

红辣椒 1颗（装饰用）

混合奶油和辣椒粉，在大碗中打发奶油，冷藏保存。在茶杯中混合龙舌兰酒和糖浆，加热。倾斜茶杯，小心地将热咖啡倒在上层。轻轻在咖啡上加上辣味奶油，分出第三层。用红辣椒装饰酒杯即可。

死亡证明
DEATH PROOF

4小杯

黄瓜 4片

香菜叶 12 ~ 16片

树胶糖浆 20ml（或蔗糖糖浆）

青柠檬汁 20ml

蛋清 1个

生姜利口酒 50ml（吉发得姜味利口酒）

金酒 40ml

在摇酒壶中捣碎黄瓜和香菜。然后加入糖浆、青柠檬汁、半个蛋清和生姜利口酒。加满冰块，盖好后充分摇晃。用滤网过滤，倒入子弹杯。饮用时，在锅中加热金酒并点燃，将燃烧的金酒倒入酒杯即可。

特调鸡尾酒

烈火炸弹
FIRE BOMB

特调鸡尾酒

6小杯

龙舌兰酒 120ml

糖浆 30ml

苦艾酒 90ml

糖 6小块

在子弹杯中直接分别倒入龙舌兰酒和糖浆。加热苦艾酒并点燃，趁其还在燃烧时倒入杯中。搭配浸泡过苦艾酒的糖块饮用。

柠檬酒音乐会

LIMONCELLO CONCERTO

10杯

意大利柠檬酒 500ml

金酒 200ml

柠檬汁 200ml

柠檬汽水 1.5L

新鲜薄荷 1把

在大容器中倒入除汽水和薄荷之外的所有材料并搅匀。冷藏保存3小时，若有条件可以放入冷冻室，保证酒足够冰凉。需要饮用时加入冰块、柠檬汽水和薄荷。用吧匙充分搅拌均匀即可。

155

巴黎潘趣酒

PUNCH DE PARIS

4.5L

金酒 1.5L

接骨木花利口酒 1.35L

柠檬汁 900ml

苦艾酒 450ml

黄瓜 1根

将所有材料倒入有龙头的容器中，充分搅匀后加一些冰块。黄瓜切圆片，也加入容器中。用可食用的花朵装饰酒杯。

金汤力

GOLD TONIC

10杯

柠檬汁 250ml

金酒 350ml

汤力水 700ml

矿泉水 200ml

食品级金色亮片 适量

特调鸡尾酒

在制冰盒中倒入柠檬汁，不要倒满。混合矿泉水和亮片，倒入冰盒。冷冻至少3小时。在大容器中倒入金酒，然后加入汤力水和冰块即可。

香槟

香槟是法国最有威信的原产地命名控制（AOC）之一，这份来自古老制作技艺的香醇，借由优雅的气泡，发扬到了全球各地。

香槟产区的土地上长满了葡萄树，主要有黑皮诺，莫尼耶皮诺和霞多丽三个品种。葡萄加压后放入酒桶，在经过第一阶段的发酵之后，与来自不同收成期的葡萄制成的非起泡葡萄酒（基酒）混合。这是赋予香槟独特风味的最关键步骤。接下来，葡萄酒与酵母和糖一同装瓶，这一步可以把它转变成起泡酒。但是香槟的发泡过程区别于世界上其他的起泡酒，因为只有香槟才会在酒窖里静待数月来创造奇迹。事实上，酿造出干型香槟需要15个月，而可以标识酿造年份的香槟则需要36个月！（译者注：现在生产的大多数为"无年份"香槟，会使用多种年份产出的葡萄所酿基酒做调配，酒体大部分来自单一年份，

但是会调配入10%～15%的较早年份基酒，有时比例甚至可达40%，而可以标注年份的香槟，要求全部基酒都来自同一基酒，从而需要更长的酿造时间。在质量一般的年份，部分酒庄也会调制只含该年份葡萄的香槟，但不会标注年份。）

虽然我们习惯在香槟杯或浅口高脚杯中单独享用香槟，它其实也可以用于制作许多美味的鸡尾酒。细细的气泡既可以增强其他材料的味道，也可以为鸡尾酒带来一丝清爽和轻盈。香槟还会使饮品口感略微偏干和更微妙，它的奢华内涵也能为其增加一分威慑力和优雅。在口味上，香槟不仅可以很好地和干邑白兰地这类高度数的烈酒结合，而且能与更清新的食材混合，比如水果，平添惬意的美味。除了调和，香槟还可以搭配鸡尾酒，作用是在两道酒的间隔舒缓口腔，让人更充分地享受鸡尾酒的品质。

皇家莫吉托

MOJITO ROYAL

这是一款有些许法国情调的古巴鸡尾酒！香槟给这款全世界最受欢迎的经典鸡尾酒带来奢华感。

1杯

薄荷 3枝

青柠檬 半颗

蔗糖糖浆 10ml

赤砂糖 1小匙

古巴朗姆酒 50ml

干型香槟 适量

装饰

薄荷 1小枝

在平底杯中放入薄荷，柠檬块，糖浆和砂糖。用杵子捣碎后在杯中加满冰块或者碎冰。倒入朗姆酒并加满香槟，用吧匙搅匀。装饰上薄荷，配合搅拌棒或者吸管饮用。

香槟美汤

SOUPE DE CHAMPAGNE

10杯

青柠檬汁 150ml

蔗糖糖浆 150ml

橙味利口酒 150ml（如君度或柑曼怡）

干型香槟 750ml

在大容器中倒入新鲜榨取的柠檬汁，糖浆和利口酒，混合，可用搅拌机搅拌约10秒，然后冷藏。需要饮用时，加入干型香槟。搅匀后倒入高脚香槟杯饮用。

金合欢

MIMOSA

1杯

柑曼怡香橙利口酒 10ml

橙汁 60ml

干型香槟 适量

在香槟酒杯中倒入利口酒和橙汁，缓缓加满香槟，用吧匙搅匀即可。

Note
小贴士 ————————————————————

注意香槟要缓缓倒入酒杯，如果倒太快，会产生泡沫，容易溢杯。

贝里尼

BELLINI

10杯

桃子原汁 350ml

蔗糖糖浆 100ml

干型香槟 750ml

在放满冰块的大容器中倒入桃汁和糖浆，搅拌均匀后加入香槟。用大勺搅匀，装入高脚香槟杯中饮用。

罗西尼

ROSSINI

10杯

覆盆子果汁 350ml（调和果汁）

蔗糖糖浆 100ml

干型香槟 适量

在放满冰块的大容器中，倒入覆盆子汁和糖浆，搅拌均匀后缓缓加满香槟。用大勺搅匀，装入高脚香槟杯中饮用。

香博鸡尾酒
CHAMBORD COCKTAIL

10杯

香博覆盆子利口酒 400ml

干型香槟 1.1L

　　将利口酒和香槟冷藏。需要饮用时取出，在大容器中依次倒入利口酒和香槟，搅匀。倒入高脚香槟杯中饮用。

粉红岛屿

PINKY ISLAND

10杯

草莓汁 500ml（调和果汁）

粉色香槟 1L

在制冰盒中倒入草莓汁，冷冻至少3
小时。冰块放入大容器中，倒入粉香槟。
搅拌均匀后，倒入高脚香槟杯中饮用。

飞向月球

FLY TO THE MOON

10杯

接骨木花糖浆 100ml

柠檬汁 200ml

蓝色库拉索酒 200ml

覆盆子伏特加 200ml

干型香槟 750ml

在大容器中放入冰块，倒入除香槟外所有材料，用吧匙混合后冷藏。需饮用时加入香槟，倒入高脚香槟杯中饮用。

摩纳哥来客
FROM MONACO

1杯

干型香槟 100ml
甜味混合剂 40ml

装饰

红醋栗 1串

在装有冰块的红酒杯中倒入冰香槟。缓缓加入甜味混合剂，不要搅拌。用一串红醋栗装饰即可。

Note
小贴士 ——————

制作甜味混合剂，将200ml黑加仑糖浆和300ml黑莓果泥倒入玻璃瓶中，充分混合。冷藏可以保存3天。

蓝色海洋
BLUE OCEAN

有着异域风情和海洋魔力色彩的混合物。

1杯

荔枝汁 20ml
蓝色库拉索酒 20ml
荔枝利口酒 20ml
干型香槟 适量

装饰

荔枝 1颗

在摇酒杯中装满冰块，倒入荔枝汁，库拉索酒和荔枝利口酒。盖上盖子充分摇晃5~10秒。用滤网过滤并倒入高脚香槟杯。用少量香槟清洗摇酒壶，过滤后倒入酒杯，再倒满冰香槟。用打开呈花朵状的荔枝装饰即可。

日内瓦来客

FROM GENEVA

1杯

草莓糖浆 20ml

桃子果肉泥 20ml

浆果利口酒 20ml

干型香槟 适量

装饰

草莓 1/4颗

桃子 1片

在摇酒壶中倒入草莓糖浆、桃子果肉泥和浆果利口酒。加满冰块，盖上盖子用力摇晃5~10秒。用滤网过滤，倒入高脚香槟杯。用少量香槟清洗摇酒壶，倒入酒杯中，加入适量冰香槟。用草莓和桃子薄片装饰即可。

鼓泡

BARBOTTAGE

1杯

石榴糖浆 10ml

柠檬汁 20ml

橙汁 40ml

干型香槟 适量

在摇酒壶中倒入石榴糖浆、柠檬汁和橙汁。加满冰后盖上盖子，充分摇匀。用滤网过滤到高脚香槟杯中，缓缓加入香槟，用吧匙轻轻搅匀即可。

影视剧中的鸡尾酒

虽然鸡尾酒在电影出现之前就已经深受消费者喜爱，但有些鸡尾酒的确借着荧幕上的高光重新闪耀起来，还有些特别的鸡尾酒则因影视作品而为大众所熟知。

《007：皇家赌场》

如果说耶利米·P.托马斯是干马天尼鸡尾酒之父，那么小说家伊恩·弗莱明1953年出版的小说《皇家赌场》，为其发展和宣传做出了不可否认的贡献。在2006年的电影改编版中，我们看到英国大间谍詹姆斯·邦德坐在黑山一家赌场的桌边，面对着他的对手勒西弗，向酒保点单：

"干马天尼。"

"好的，先生。"

"等一下，3份哥顿，1份伏特加，半份利莱。加冰摇匀，再加一片薄柠檬皮。"

"好的，先生。"

就这样，著名的维斯帕马天尼诞生了，为了向这部电影中的迷人的邦德女郎维斯帕·琳达致敬，因为"一朝拥有，别无他求"。

维斯帕马天尼

VESPER MARTINI

1杯

伦敦哥顿金酒 90ml

伏特加 30ml

白利莱利口酒 15ml

摇酒壶中加冰，倒入所有材料，摇匀后去冰，倒入马天尼酒杯，用薄柠檬皮装饰即可。

注：邦德点单时特意提到的奇娜利莱酒已经停产多时，如今用白利莱替代。

《鸡尾酒》

有一部明星电影，不仅普及了鸡尾酒，还让调酒师真正成了一门职业，那就是1988年上映的《鸡尾酒》，由汤姆·克鲁斯扮演主角布兰恩·弗拉纳根。整部电影中，我们见证了一连串富有神话色彩的鸡尾酒制作集锦：马天尼系列，自由古巴，椰林飘香，老式酒，甚至是蓝色珊瑚礁，应有尽有。观众在电影中发掘了一种新奇又有技术性的调酒方法，见证了直到21世纪初都很流行的花式调酒的诞生。电影里的明星酒谱，由道格拉斯·科格林发明的"红眼"，显然是对抗宿醉的最好良药。

红眼
RED EYE

1杯

啤酒 180ml（选拉格啤酒类，即窖藏啤酒）

西红柿汁 90ml

鸡蛋 1个，不打散蛋黄

阿司匹林 1片（极其非必要且不建议）

在不加冰的品脱型酒杯中（容量500ml）倒入所有材料。一口气喝完，就能像电影里的道格拉斯·科格林一样满血复活了。

《谋杀绿脚趾》

这部电影1998年在美国上映的时候，杰夫·勒保斯基，绰号"爵爷"，不知不觉成为了第一个"潮人"：长发，山羊胡，超大码服装，毫无疑问与标准时尚背道而驰。但是最让人印象深刻并成就这部经典电影的，还是他对白色俄罗斯的热爱。这款让他欲罢不能的鸡尾酒成了一种符号，之后更在所有酒吧里都掀起了一阵用爵爷的方式点酒的热潮（这个方式对酒保来说比较抽象，因为在整个电影中，杰夫都用奶油甚至奶粉代替牛奶）。白色俄罗斯是黑俄罗斯的一种变形，均以在配方中使用伏特加而命名。

白色俄罗斯
WHITE RUSSIAN

1杯

俄罗斯伏特加 50ml

可罗酒咖啡 20ml

牛奶或淡奶油 30ml

在老式酒杯中加冰，倒入材料，混合后直接饮用。

《迈阿密风云》

在这部改编自1984年美国著名同名剧集的电影中，警探詹姆士·"桑尼"·科洛克特表现了自己对莫吉托的偏爱。对于一个和名叫埃尔维斯的鳄鱼一起生活在帆船上，并且拥有一艘近海游艇和一辆豪华跑车的人来说，这完全不足为奇。当桑尼要伊莎贝拉请自己喝一杯的时候，她问他想喝什么，他说"我是莫吉托的朋友"。紧接着伊莎贝拉说道"我知道一个地方"。几秒之后的游艇上，她告桑尼，他们要去哈瓦那的一家叫Bodeguita Del Medio的标志性酒吧喝莫吉托，海明威曾经也习惯在这里喝莫吉托。

莫吉托
MOJITO

1杯

哈瓦那俱乐部3年朗姆酒 45ml

糖 2小匙

青柠檬汁 半个的量

薄荷 2枝（包括茎和叶）

气泡水 90ml

平底杯中放糖、青柠檬汁和薄荷。倒入气泡水后轻轻研磨（其实搅拌多过于捣碎）。加入朗姆酒，再加冰，最后插上一支环保吸管。

《欲望都市》

凯莉·布雷萧和她的闺蜜们在20世纪90年代末和21世纪初，整整影响了一代人。在这部剧中，四个互补的好朋友带我们发现了时尚和爱情的乐趣。在第2季第19集中，萨曼莎在一场婚礼上点了杯大都会。这款托比·凯奇尼于1988年在纽约的奥德翁饭店发明的鸡尾酒，最初并未立刻获得国际声誉（即便麦当娜在20世纪90年代初的格莱美派对上拿着它，也没能使它流行起来）。直到这部剧的编剧把大都会变成了一个强烈的视觉元素，这款酒才在女消费者中蔓延开来。随着时间流逝，这款酒逐渐成为一个流行符号，成为了一款现代经典鸡尾酒。

大都会
COSMOPOLITAN

1杯

柠檬味绝对伏特加 45ml

橙皮甜酒 22.5ml

蔓越莓汁 22.5ml

青柠檬汁 22.5ml

摇酒壶中装四分之三冰块，倒入所有材料，摇晃10秒。过滤，去冰，并倒入马天尼型鸡尾酒杯。用四分之一块青柠檬装饰。

《广告狂人》

　　这部大众喜爱的剧集于2007年7月开播，设定在20世纪60年代的美国纽约，描绘了在全市著名的创意总监唐·德雷柏的人生。在剧中，唐向我们展示了他的各种小癖好，包括鸡尾酒。所有的鸡尾酒大家族一一出镜，观众们一次发掘了各种曼哈顿，酸味威士忌和薄荷朱莉普。但是波旁威士忌和黑麦威士忌在剧中还没有占据垄断地位，因为Stolichnaya Smirnoff这些俄罗斯的伏特加生产商在20世纪60年代才进入美国。观众还能看到唐品尝干马天尼伏特加，血腥玛丽，或是白色俄罗斯。金酒也占了一席之地，而朗姆酒则在迈泰、蓝色夏威夷和椰林飘香中得到了升华。不过这部剧里唯一的明星鸡尾酒还要数老式威士忌（波旁或黑麦），这要归功于电影中一个神话般的场景：唐旁若无人地跨过吧台，只为了自己调一杯酒，即使他的做法对纯粹主义者来说比较粗糙，但还是相当有风格。

老式威士忌

WHISKEY OLD FASHIONED

1杯

波旁或黑麦威士忌 60ml

白砂糖 1块

苦酒 3滴

气泡水 10ml

　　糖块浸过苦酒，放入老式杯中，倒入气泡水。捣碎糖块使其融化，然后倒入一半的威士忌。加几个冰块，搅匀。倒入剩余威士忌，再加几块冰。搅拌后，用橙子皮或酒渍樱桃装饰即可。

城市之光
CITY LIGHT

10杯

糖浆 200ml

柠檬汁 350ml

草莓利口酒 350ml

皮斯科酒 350ml

干型香槟 750ml

在大容器中装满冰块，倒入除香槟外所有材料，冷藏保存。需要饮用时加入干型香槟，用红酒杯品尝。

氧气
OXYGÈNE

这杯异域风情满满的酒中，香槟的气泡会带来一股新鲜的氧气。

1杯

覆盆子糖浆 20ml

荔枝酒 20ml

百香果汁 20ml

干型香槟 适量

装饰

荔枝 1颗

覆盆子 1颗

在摇酒壶中倒入覆盆子糖浆、荔枝酒和百香果汁。加满冰块后盖上，充分摇晃5～10秒。用滤网过滤，装入高脚香槟杯中。用少量香槟洗一下摇酒壶内部，倒入酒杯，再加满冰香槟。用切成花型的荔枝皮装饰，将覆盆子摆在中心即可。

神庙
LE TEMPLE

干邑和香槟地区——法国土地上两片不可替代的沃土！

1杯

百香果汁 20ml
（或半个百香果）

蔓越莓果汁 20ml

干邑白兰地 20ml

干型香槟 适量

装饰

红醋栗 1小串

在摇酒壶中倒入百香果汁，蔓越莓果汁和白兰地。加满冰块后盖上，充分摇晃5～10秒。用滤网过滤，倒入浅口高脚杯中。取少量香槟清洗摇酒壶，倒入酒杯再加满冰香槟。用一小串红醋栗装饰即可。

柠檬雪酪

SGROPPINO

10杯

柠檬冰激凌球 10个（不加奶款）

柠檬酒 100ml

干型香槟 750ml

在大容器中放入冷藏的柠檬酒和冰激凌，用打蛋器混合至液态。加入香槟，倒入高脚杯（浅口）饮用即可。

法兰西75

FRENCH 75

10杯

液体糖浆 200ml

柠檬汁 400ml

金酒 500ml（普利茅斯或老汤姆）

干型香槟 750ml

大容器中装满冰块，倒入除香槟外的所有材料，用吧匙搅匀后冷藏。饮用前加入香槟，用高脚杯（浅口）品尝即可。

香槟鸡尾酒
CHAMPAGNE COCKTAIL

10杯

液体糖浆 100ml

干邑白兰地 100ml

安哥斯图娜苦酒 10滴

干型香槟 750ml

橙子皮 少许

在大容器中倒入除香槟外的所有材料，用吧匙搅匀后冷藏。饮用前加入香槟和少许橙皮即可。

巴黎名媛

PARISH CHIC

10杯

琼脂 4g

葡萄柚果汁 300ml

荔枝果汁 200ml

干型香槟 750ml

接骨木花利口酒 200ml

气泡水 100ml

特调鸡尾酒

低温混合琼脂、葡萄柚汁和荔枝汁，煮沸后倒入大容器中，放入冷藏室，隔夜保存，制作果汁冻。饮用前在容器中加入一些冰块，倒入香槟、接骨木花利口酒和气泡水。用吧匙混合，即可饮用。准备好勺子，品尝底部的果冻。

平克·弗洛伊德

PINK FLOYD

10杯

香槟 750ml

伏特加 100ml

草莓利口酒 200ml

荔枝果汁 400ml

粉心葡萄柚果汁 200ml

玫瑰糖浆 100ml

特调鸡尾酒

　　在大容器中倒入除香槟和玫瑰糖浆外所有材料，加一些冰块并混合。最后依次加入香槟和玫瑰糖浆，做出分层效果即可。

格尔索瓦香槟汤

SOUPE DE CHAMPAGNE GERSOISE

10杯

鲜榨柠檬汁 150ml

白色弗洛克·德加斯科涅甜酒 150ml

雅文邑 100ml

香槟 750ml

大容器中放满冰块，倒入鲜榨柠檬汁，弗洛克·德加斯科涅甜酒和雅文邑，用吧匙混合，也可以用搅拌机搅拌10秒。冷藏，饮用前取出，加入香槟即可。

弗朗孔泰香槟汤

SOUPE DE CHAMPAGNE FRANC-COMTOISE

10杯

柠檬汁 150ml

蜂蜜 50ml

蒙塔利耶苦艾酒 100ml

香槟 750ml

大容器中放满冰块，倒入鲜榨柠檬汁、蜂蜜和苦艾酒，用吧匙混合，也可以用搅拌机搅拌10秒。冷藏，饮用前取出，加入香槟即可。

带上我

PICK ME UP

10杯

石榴糖浆 100ml

橙汁 300ml

干邑白兰地 400ml

干型香槟 750ml

在大容器中倒入除香槟外的所有材料，用吧匙搅匀后冷藏。饮用前加入香槟，盛入高脚杯（浅口）饮用即可。

美国飞行员

AMAERICAN FLYER

10杯

糖浆 100ml

青柠檬汁 100ml

琥珀朗姆酒 200ml

干型香槟 750ml

在大容器中倒入除香槟外的所有材料，用吧匙搅匀后冷藏。饮用前加入香槟，盛入浅口高脚杯饮用即可。

航空信

AIR MAIL

10杯

液体蜂蜜 100ml

柠檬汁 200ml

琥珀朗姆酒 400ml（哈瓦那俱乐部特别版）

干型香槟 750ml

在大容器中倒入除香槟外的所有材料，用吧匙搅匀后冷藏。饮用前加入香槟，盛入浅口高脚杯饮用即可。

夏朗德香槟汤

SOUPE DE CHAMPAGNE CHARENTAISE

10杯

柠檬汁 150ml

夏朗德皮诺葡萄甜酒 150ml

干邑白兰地 100ml

香槟 750ml

　　大容器中放满冰块，倒入鲜榨柠檬汁，夏朗德皮诺甜酒和干邑白兰地。用吧匙混合，也可以用搅拌机搅拌10秒。冷藏至饮用前取出，加入香槟即可。

威士忌 & 干邑白兰地

"在桶里存了多年的酒，稀释了真是浪费啊！"说这话的人绝对没尝过老式波旁或"曼哈顿"，他真是大错特错了！

"鸡尾酒"一词在1806年由《哥伦比亚仓库》（*The Balance and Columbian Repository*）的一名记者提出，本就指纽约州大选之夜酒会上提供的一种烈酒饮品，由威士忌、糖和苦味剂制作而成。这种混合饮料还成为苦司令家族（鸡尾酒）名称的源头，而后又变成了老式酒家族。

在橡木酒桶中陈酿多年，威士忌和干邑白兰地拥有富裕的芳香气味，主要归因于酒在成熟过程中与木材的接触。

威士忌能给鸡尾酒带来辛辣，木质，甚至发酸的香调，而白兰地则有着蜂蜜和木质的蜜饯果香。这种丰富浓厚的芳香十分有趣，既允许人们用极少的食材调制鸡尾酒，又可以在增加成分的同时，不改变烈酒本身的风味。

爱尔兰咖啡

IRISH COFFEE

1杯

蔗糖糖浆　15ml

爱尔兰威士忌　40ml

热咖啡　40ml

打发奶油　30ml

热 鸡 尾 酒

　　将蔗糖糖浆和爱尔兰威士忌在一起加热后，先倒入酒杯。倾斜杯身，沿着杯壁缓缓倒入咖啡以做出分层。重新摆正酒杯，借助吧匙，在咖啡上轻轻铺一层打发奶油，最终得到三个明显的层次。

我之良药

MY MEDICINE

10杯

波旁威士忌 400ml

苹果汁 200ml

柠檬汁 100ml

液体糖浆 100ml

鼠尾草 10片

干苹果酒 750ml

在大容器中倒入除干苹果酒之外的所有材料，搅匀后冷藏几分钟，浸泡出鼠尾草的香味。饮用前加入干苹果酒和冰块，轻轻搅拌即可。

污点杰克

JACKY BLOT

1杯

菠萝片 30g

树胶糖浆 10ml（可用蔗糖糖浆代替）

杰克丹尼威士忌 60ml

橙味苦酒 1滴

装饰

橙皮

菠萝叶

　　在老式杯中放入薄菠萝片和糖浆，加满冰块，倒入威士忌。最后稍微加一点柑橘苦酒，用橙皮和菠萝叶装饰即可。

果香薄荷

TWIST & MINT

波旁威士忌 40ml

杜松子调味绿茶 150ml

鲜榨葡萄柚汁 100ml

柠檬精油调味龙舌兰糖浆 20ml

薄荷花水 1汤匙

泡好杜松子绿茶后放凉。在摇酒壶中加满冰块，放入所有食材。摇晃约15秒，倒入花式酒杯，即可享用。

Note
小贴士 ————————————————

制作柠檬调味龙舌兰糖浆：在一瓶糖浆中加两滴柠檬精油，摇匀即可（最长可保存1年）。

边车
SIDE CAR

1杯

柠檬汁 10ml

橙皮甜酒 20ml（君度）

干邑白兰地 40ml

在摇酒壶中加入柠檬汁，橙皮甜酒和白兰地。加满冰块后盖上，充分摇匀。用滤网过滤，倒入马天尼酒杯饮用。

教父
GODFATHER

1杯

阿玛雷托杏仁甜酒 30ml

苏格兰威士忌 40ml

在老式杯中装满冰块，一次倒入杏仁甜酒和苏格兰威士忌，用吧匙搅匀即可。

吃点什么下酒呢？

芥末豌豆
准备：5分钟

烹饪：20分钟

　　在碗中混合3汤匙日式芥末和250g豌豆，加点盐，用手抓至芥末均匀包裹住豌豆。烤盘中铺烘焙纸，平铺上豌豆，放入烤箱，预热100℃烤20分钟，期间时不时翻动豌豆。结束后将豌豆留在烤箱内放凉即可。

罂粟子油酥条
准备：5分钟

烹饪：10分钟

　　将一张油酥饼皮切分成20个长条。取一个蛋黄，稍加水稀释，用刷子摊开，刷在饼皮上，再均匀撒上1汤匙罂粟子。将饼皮翻面，重复一次上述操作。完成后扭转饼皮条，放在铺好烘焙纸的烤盘上，180℃烤10分钟即可。可用芝麻，干香草或者香料粉代替罂粟子。

身为摇酒大师，当然也要做些小吃，配合喜爱的饮料一起分享。不论是日常小酌还是特殊场合，快来看看这些能让你变身开胃小吃和鸡尾酒之王的食谱吧！

南瓜条

准备：10分钟

烹饪：15分钟

取两个小南瓜，切成条。在碗中混合10匙面粉和2匙普罗旺斯香料。另取一个碗，打散两个鸡蛋。在最后一个碗中混合70g面包糠和10汤匙帕玛森奶酪碎。按照以上顺序，给每个南瓜条裹好面糊，然后摆在铺有烘焙纸的烤盘上，200℃烤10~15分钟即可。

辣味酸奶蘸酱

准备：5分钟

在搅拌机中放入一份原味酸奶（110~150g，一般无添加糖）。加入半个蒜瓣，四分之一个切丁的西红柿，半根红辣椒和少许香菜。搅拌至乳状。冷藏保存。配合生蔬菜使用（如胡萝卜、黄瓜、小萝卜头等）。

鲜果蟹肉沙拉

（蟹肉，牛油果，热带水果）

准备：10分钟

烹饪：30分钟

　　取一罐蟹肉，脱水后用叉子压碎。加入半颗青柠檬的果汁和柠檬皮末，少许葱末，1颗小洋葱头末，少许盐和辣椒粉。猕猴桃去皮，与一片芒果一起切成小块，和牛油果一同加入碗中，充分混合后冷藏30分钟即可。

炸虾天妇罗

准备：15分钟

静置：30分钟

烹饪：5分钟

　　用搅拌棒或打蛋器混合100g面粉，50g玉米淀粉，半袋泡打粉（约4g），1小匙咖喱粉，1个蛋黄，150ml凉水，适量盐和黑胡椒，直到完全搅拌均匀。冷藏30分钟。16只虾去皮，保留尾部，裹上面糊后油炸几分钟至金黄。捞出后放在厨房纸上，去除多余油分即可。配合越南春卷辣酱（酸甜辣味）食用。

鹅肝配香烤土司

准备：10分钟

静置：30分钟

　　取三片香料面包（法国阿尔萨斯风，一般用黑麦做，加蜂蜜、肉桂、丁香、豆蔻等香料），略微烤制后切成四小块，抹上少许无花果果酱。将两片鹅肝切成12个小块，摆在果酱上，撒少许盐，黑胡椒粉和粉红胡椒碎。冷藏30分钟即可。

三文鱼塔塔

准备：10分钟

腌渍：30分钟

　　取200g三文鱼，切成小块。在沙拉碗中混合三文鱼、1颗小洋葱头末、1颗青柠檬的果汁和果皮末、1汤匙橄榄油、2小匙日式酱油、几粒粉红胡椒和适量碎香菜，加盐和黑胡椒调味。冷藏腌渍30分钟，盛入小玻璃碗中即可。

圣诞老人的小助手潘趣

SANTA'S LITTLE HELPER PUNCH

4.5L

黑麦威士忌 1.5L

红味美思 900ml

甜苹果酒 1.35L

糖浆 450ml

安哥斯图娜苦酒 10滴

肉桂棒 10根

丁香子 6颗

橙子 1个

柠檬 1个

将所有液体、肉桂棒和丁香子倒入大容器中，混合后加入一些冰块。橙子和柠檬切圆片，加入酒中，再次搅拌即可。

法式莫吉托

FRENCH MOJITO

1杯

薄荷 3枝

青柠檬 半个

蔗糖糖浆 10ml

赤砂糖 1小匙

干邑白兰地 50ml

气泡水 适量

装饰

薄荷叶

在平底杯中用研磨杵碾碎并混合薄荷、青柠檬、蔗糖糖浆和赤砂糖。加满冰块或碎冰，倒入白兰地，然后加满气泡水，用吧匙搅匀即可。用薄荷叶装饰，配合搅拌棒和吸管饮用。

海湾码头

DOCK OF THE BAY

月桂叶不仅可以用来做菜，试着用它调制鸡尾酒吧，惊喜不断！

1杯

月桂叶 4片

树胶糖浆 10ml（可用蔗糖糖浆代替）

苏格兰威士忌利口酒 20ml

波旁威士忌 50ml

装饰

月桂叶 2片

在摇酒壶中放入月桂叶、苏格兰威士忌和波旁威士忌。装满冰块后盖上，充分摇匀。用滤网过滤两次，倒入装满冰块的老式杯。用两片月桂叶装饰即可。

白兰地在中国

COGNAC IN CHINA

法国的传统白酒干邑白兰地，在中国被高度赞赏，这款鸡尾酒专门为之打造。

1杯

草莓 2颗

覆盆子 4颗

蓝莓 4颗

龙舌兰糖浆 10ml

柠檬汁 10ml

迷迭香 1小根

干邑白兰地 40ml

生姜啤酒 适量（如芬味树）

装饰

迷迭香 1根

覆盆子 1颗

在摇酒壶中轻轻捣碎混合草莓、覆盆子、蓝莓、糖浆和柠檬汁。加入迷迭香和白兰地，装满冰块后盖上并充分摇晃。过滤两次，加冰块和生姜啤酒。用迷迭香和覆盆子装饰即可。

鸡尾酒的装饰

　　鸡尾酒的装饰随着时代不断发展。最初，装饰也是调酒的一步：在收尾时加上白兰地樱桃或者柑橘类果皮，是为了补充味道。提基文化出现的同时，小小的中式雨伞也登场了，通常和一些新鲜水果一起作为装饰。在此之后，20世纪80年代的鸡尾酒遇到了创新瓶颈，多用半片柑橘类水果装点。在20世纪90年代末和21世纪初的鸡尾酒复兴中，新鲜食材开始被使用。这一改变促使调酒师们提升了自己精切水果的技术。鸡尾酒开始变得更美味，也更漂亮，就像餐厅里提供的

高级美食一样。调酒师也以美化鸡尾酒为荣，他们遵循的常识性原则，就是只用可食用或者是直接与鸡尾酒成分相关的材料。

从2010年起，全世界的调酒师都开始在提升味觉创作和精致刀工的同时，开发造型风格。酒杯设计越来越多样化，日常物品也被用来做成鸡尾酒的一部分。这一切都是为了围绕鸡尾酒创造出一个场景，从而让消费者获得完整的酒吧体验。

如今，趋势又回到了极简主义和零浪费。酒谱中用剩的水果脱水干燥后，被用作装饰，柑橘类果皮也卷土重来，调酒师们也在宣扬"少即是多"。最终，鸡尾酒的装饰在大多情况下，都精简成了一个精心挑选，与时节相配的酒杯。

海星

ÉTOILE DE MER

1杯

VSOP高级干邑白兰地 40ml

甜瓜 1个

苹果汁 100ml

绿咖喱 少许（1g）

气泡水 适量

用勺子挖出甜瓜果肉。混合果肉、苹果汁和绿咖喱。将液体倒回空甜瓜中，倒入白兰地。加入冰块和气泡水后即刻饮用，也可以先冷藏，饮用时再加入气泡水。

Note

小贴士 ——————

可以用将甜瓜的果肉，苹果和绿咖喱用果汁机榨汁。然后倒回空甜瓜，再加入白兰地和冰块，搅匀即可。

红莓机械师

RED FRUITS MECANIC

1杯

苏格兰威士忌 40ml

草莓 3颗

覆盆子 4颗

赤砂糖 1小匙

蔓越莓果汁 30ml

橙子 1块

草莓和覆盆子切块，放入摇酒壶，加糖用研磨杵捣碎。然后加入威士忌，蔓越莓果汁和冰块。摇晃约10秒，用滤网过滤，倒入鸡尾酒杯。在酒杯上方用手轻轻挤出橙汁即可。

牛血潘趣

OX BLOOD PUNCH

4.5L

波旁威士忌 1.5L

甜菜头汁 900ml

柠檬汁 900ml

糖浆 900ml

龙蒿 2枝

无盐甜菜头脆片 50g

将所有液体食材倒入大容器中，搅匀后加入龙蒿和一些冰块。用甜菜头脆片装饰酒杯。

甜杏朱莉普

ABRICOT JULEP

薄荷的清爽，杏子的甜蜜，白兰地的浓烈……轮到你来玩转这款经典薄荷朱莉普的变形了！

1杯

薄荷叶 8～10片

鲁西永杏子酒 20ml

干邑白兰地 30ml

装饰

薄荷 1枝

青柠檬皮 1片

在老式杯中捣碎混合薄荷和杏子酒。装满碎冰后倒入白兰地。用吧匙搅匀后挂上青柠檬皮。在碎冰和柠檬皮上插一枝薄荷，配两根迷你吸管享用。

狂野迪西

DIPSIE NUTSY

迪西知道如何用多元的口感做出炸裂的成果，惊艳大家。

1杯

干邑白兰地 40ml

榛子糖浆 5ml

白巧克力糖浆 5ml

香草利口酒 10ml

香料糖浆 10ml（莫林）

蛋清 20ml

栗子味果酱 1小匙

装饰

香草荚 1根

在摇酒壶中倒入白兰地、榛子糖浆、白巧克力糖浆、香草利口酒、香料糖浆、蛋清和栗子味果酱。加满冰块后盖上，充分摇晃。用滤网过滤去冰，倒入双层玻璃杯。用香草荚装饰即可。

热 鸡 尾 酒

天堂鸟

OISEAU DU PARADIS

1杯

洛神花茶 60ml

龙舌兰糖浆 10ml

干邑白兰地 30ml

牛奶 100ml

橙子 1块

泡好洛神花茶。在杯中倒入龙舌兰糖
浆，洛神花茶和白兰地。牛奶打至发泡，
加在混合物上层。再挤上几滴橙汁即可。

亚历山大

ALEXANDER

1杯

淡奶油 1小匙

棕可可乳酒 30ml

干邑白兰地 40ml

在摇酒壶中倒入淡奶油，棕可可甜酒和白兰地。加满冰块后盖上，充分摇晃。用滤网过滤，倒入双倍马天尼杯即可。

Note
小贴士

马天尼酒杯的容量通常是70ml，而双倍马天尼杯的容量为120～150ml（见右页）。

救救猴子

SHOW ME THE MONKEY

1杯

苹果汁 100ml

杜林标蜂蜜香甜酒 25ml

三只猴子苏格兰威士忌 50ml

装饰

薄荷 1枝

香蕉 1块

在摇酒壶中加满冰块，倒入苹果汁、杜林标甜酒和苏格兰威士忌。盖上后充分摇晃。用滤网过滤，倒入加满冰块或碎冰的平底杯中。用薄荷片装饰，再放一片香蕉给猴子吧！

干邑峰会
COGNAC SUMMIT

1杯

生姜 4片

黄瓜皮 1片（可选）

干邑白兰地 40ml

手工柠檬汽水 60ml

青柠檬皮 1片

在老式杯中捣碎生姜片，加满冰块。如果有，也可以放一片黄瓜。倒入白兰地后加满柠檬汽水。用吧匙搅匀，摆上青柠檬皮即可。

法式凯匹琳纳
FRENCH CAÏPIRINHA

1杯

干邑白兰地 60ml

新鲜生姜丝 3条

青柠檬块 1/4个的量

瓜拉那南极洲汽水 30ml

黄瓜片 1长条

在杯中放入生姜丝和青柠檬块，用研磨杵捣碎。加满冰块后，倒入白兰地和瓜拉那南极洲汽水。再加上黄瓜片，配合搅拌棒和吸管饮用即可。

你真的懂酒吗?

在习惯思维和各色成见之间,我们对酒的认知有时会出错。

想测试一下吗?

酒瓶上"40% vol."的标志对应着酒中糖分的比例。

错:这个标志对应的是瓶中纯酒精的比例,因此这里表示酒精含量为40%。

为了更好地保存一瓶酒,需要避光。

对:瓶装酒不喜欢光,它们的颜色可能会随时间流逝而变淡。因此最好是把瓶装酒储存在阴凉干燥且避光的地方,比如酒窖(地窖)。有些酒(比如普利茅斯,波尔图)和所有基于葡萄酒的开胃酒,开瓶后都应该在冰箱保存。

如果喝不含糖的鸡尾酒,体内酒精含量会更低。

错:糖并不会增加酒精的量,只能掩盖酒精的味道,从而使酒更容易饮用。正因为如此,同等酒精含量下,含糖的鸡尾酒也会被更快地喝完,会增加饮酒量,进而增加酒精的摄入。

第二天好好做一场有氧运动,就能更好地代谢前一日摄入的酒精。

错:无论付出多长时间和多少努力,我们通过毛孔都只能排出体内10%的酒精,其余的都必须经由肝脏排出,所以,善待肝脏吧!

只在周末喝酒比一周都喝酒更糟糕

对:虽然研究还没有得到证明,但是在周末过度饮酒似乎比每天适量饮酒害处要大。无论如何,最好长期不饮酒,只在有庆祝活动的时候保持适度饮酒。

在法国北部,茴香酒的消费量高于全法国平均水平。

对:茴香酒在法国的酒类消费中占比37%,这个数字在北方则是42.6%,欧西塔尼大区以45%的茴香酒消费比例遥遥领先。

烈酒的颜色越深品质越好。

错：在高准标准化的时代，烈酒也未能幸免。曾经，漂亮的桃花心木棕色是在酒桶中陈酿多年的标志，如今的酒虽然也是在桶中制作，却还添加了如焦糖色的（E150a）食用色素，这样可以统一化酒窖产出的酒，也让消费者始终能找到让他们一见钟情的色泽。

喝咖啡可以降低身体中的酒精含量。

错：只有时间才能减少人体内的酒精含量。这世上并不存在任何奇迹疗法。

伏特加调制的鸡尾酒并不比红酒或啤酒的酒精度高。

对：单位相等时，一杯有30ml的40°伏特加的鸡尾酒，与一杯100ml的12°红酒，或一杯250ml的5°啤酒，酒精含量相同。

喝酒可以取暖。

错：热感是由皮肤下血管的扩张引起的，但这也只是一种感觉。热量不过是从身体内部转移到了表面区域。我们觉得热，但实际上，每吸收50g酒精，体温就会下降0.5℃。因此饮酒过度会导致体温过低。

为了避免宿醉，应该尽可能多喝水。

对：但是要注意，喝水并不能降低体内的酒精含量。身体在吸收酒精的同时会剧烈脱水。交替饮用酒和水首先可以更好地调节酒精的摄入，更重要的是可以弥补脱水。

酒保在鸡尾酒里加很多冰块，意味着我被坑了。

错：很多人都这么认为，但事实却正相反。在酒吧界，少就是多。较少的冰块等于更多的稀释，过重的水味会导致鸡尾酒失衡。另外，还有第二条规则：寒冷需要寒冷。冰块越多，融化得也就越慢，可以中和抵消水化效果。不论一杯鸡尾酒是不是加满了冰，配料中酒精的含量都是标准的，但是冰块越少，稀释作用就越强，最终鸡尾酒反而没有那么协调了。

男人比女人更不易醉。

错：这完全是体形大小的问题。要注意的是，由于新陈代谢机制，女性会比男性更快地感受到酒精对人体的作用。

为了避免宿醉，应该一整晚都只喝一种酒。

错：喝了红酒喝威士忌，然后再喝伏特加并无不可。问题不在于改变酒的种类，而是饮酒量。为了避免第二天生病，最好的就是适量饮酒，并选择优质的酒。

唯爱白兰地

JUST COGNAC

在露台或是公园中，享受这杯夏日鸡尾酒的透明感吧。

1杯

无花果糖浆 20ml

干邑白兰地 50ml

手工柠檬汽水 40ml

桃子苦酒 2ml

白葡萄 4颗

在品酒杯中装满冰块，倒入无花果糖浆和白兰地。用吧匙混合，加入柠檬汽水和少许桃子苦酒。白葡萄对半切开，加入杯中即可。

苏格兰酸酒

SCOTCH SOUR

1杯

柠檬汁 20ml

糖 1小匙

苏格兰威士忌 40ml

酒渍樱桃 2颗

在摇酒壶中倒入柠檬汁、糖和苏格兰威士忌。加满冰后盖上充分摇晃。用滤网过滤后倒入马天尼杯中。摆上两颗酒渍樱桃即可。

Note
小贴士

被认证为苏格兰出品的威士忌需要在苏格兰生产，并在当地陈酿至少三年（酒桶通常为橡木制）。

杏味红茶

LE FRUIT DE LA BERGAMOTE

1杯

格雷伯爵红茶叶 1～2匙

杏子利口酒 15ml

干邑白兰地 40ml

红茶叶用100ml水冲泡三四分钟，放凉。在摇酒壶中倒入50ml冷却好的茶，杏子利口酒和白兰地。加满冰块后盖上，充分摇晃。用滤网过滤，倒入马天尼酒杯。用橙皮和罗勒叶装饰即可。

装饰

橙皮 1块

罗勒 1片

巧克力

CHOCOLAT

1杯

香草味豆奶 500ml

牛奶巧克力 120ml

莫扎特白巧克力利口酒 20ml

巧克力糖浆 10ml

干邑白兰地 50ml

热 鸡 尾 酒

取一个奶油虹吸瓶（奶油发泡器），倒入豆奶，打入两只发泡剂。上下旋转发泡器让气体流通，冷藏24小时待用。在锅中小火加热牛奶巧克力，倒入白巧克力利口酒、糖浆和白兰地，搅匀。装杯后挤上豆奶慕斯即可。

粉红天堂

PINK PARADISE

4杯

椴树花茶 160ml

白干邑白兰地 160ml（如人头马）

做棉花糖用的糖浆 80ml

粉红柠檬汽水 400ml

泡好椴花茶后放凉。在摇酒壶中装一半冰块，倒入白干邑白兰地、棉花糖的糖浆和椴花茶。摇匀后用滤网过滤，倒入杯中。补满粉红柠檬汽水即可。

橘香克莱姆

CLEM

4杯

鲜榨柠檬汁 120ml

橘子汁 420ml

蔗糖糖浆 80ml

威士忌 180ml

在摇酒壶中装一半冰块，倒入鲜榨柠檬汁、橘子汁、蔗糖糖浆和威士忌。充分摇晃后用滤网过滤，倒入酒杯即可。

阿涅丝的诱惑
TENTATION D'AGNÈS

1杯

小西红柿 3颗

五香冬莓香甜酒 10ml（Spiced Winter Berries Cordial，也可用黑加仑酒代替）

蔓越莓果汁 30ml

波旁威士忌 30ml

酸大黄利口酒 20ml

小西红柿对半切开，放入摇酒器中，再倒入冬莓香甜酒，蔓越莓果汁，波旁威士忌和酸大黄利口酒。盖上用力摇晃，无须过滤，直接倒入老式杯即可品尝。

Note
小贴士 ——————

五香冬莓香甜酒可以在www.cul-turecocktail.com网站购买。甜香酒口味比传统的糖浆更微妙，类似于浓缩果汁，且拥有水果和香辛料的天然香气。

休息5分钟
TAKE FIVE

1杯

青柠檬 半个

焦糖糖浆 15ml

苹果汁 30ml

柑橘利口酒 15ml

干邑白兰地 40ml

姜汁汽水 适量

在平底杯中直接研磨青柠檬块和焦糖糖浆。在摇酒壶中倒入苹果汁，柑橘利口酒和白兰地，摇晃后倒入平底杯，加入姜汁汽水即可。

Note
小贴士 ——————

想要更浓厚的味道，可以用自制焦糖利口酒代替焦糖糖浆。

257

吉娃娃

CHIWAWA

1子弹杯

自选高度数烈酒 50ml（威士忌、朗姆酒等）

糖块 1/4块

热 鸡 尾 酒

将选好的烈酒倒入子弹杯中，用打火机或火柴点燃。用勺子或叉子托住糖块，放在火焰上方几厘米处。待糖块融化，慢慢放入杯底，使其焦糖化，熄灭火焰后品尝（小心烫！）。

1号香水

PARFUM N° 1

1杯

黄瓜 50g

接骨木花糖浆 10ml

鲜榨柠檬汁 10ml

藤花利口酒 20ml

干邑白兰地 50ml

黄瓜切块，放入摇酒壶，加入接骨木花糖浆和鲜榨柠檬汁，一起捣碎。倒入藤花利口酒和白兰地。装满冰块后盖上，充分摇晃。过滤两次，去冰饮用。

Note

小贴士 ————

过滤两次，可以先去冰，再去除果肉渣。

曼哈顿

MANHATTAN

10杯

酒渍樱桃 15颗

安哥斯图娜苦酒 30滴

红味美思 350ml（马天尼或仙山露）

黑麦威士忌或波旁威士忌 700ml

把酒渍樱桃放在制冰盒的小格中，每格加少许水和两滴安哥斯图娜苦酒。冷冻至少3小时后取出，放在大容器中。倒入红色普利茅斯和黑麦威士忌，搅匀后装入老式杯享用。

其他酒类

鸡尾酒在当今如此受欢迎，无疑要归功于调酒师的才华和全球各地的烈酒带来的丰富口味。精酿大师和酒窖大师们的制作技艺为酒谱研制提供了越来越多的可能，而酒谱也变得越来越惊艳。

不过，说到酒精饮料，尤其不该忘记的是近几年重新引起调酒师兴趣的开胃酒。用它们制作的鸡尾酒，酒精含量更低，让消费者可以更好地体验多样的酒品选择。

苦调或是茴香调的普利茅斯酒类因此重新回归舞台。同样，借着与起泡酒、气泡水和橙子的完美混合，斯普利兹鸡尾酒（Spritz）使阿佩罗橙酒在近年大获成功。而长期被认为是"老"酒的苏士酒也变得越来越流行。还有很多传统的人工酿造利口酒，它们在鸡尾酒中的应用总是能让品酒体验变得更饱满浓郁，令人愉悦。

发现世界各地品种丰富的烈酒总是件有趣的事，在鸡尾酒中，它们永远撩人心弦，根据需要的口感带出细节或个性。大胆地去品尝和享受吧，就像烹饪一样，有时候，正是失误才创造出了真正的杰作！

斯特龙博利火山

STROMBOLI

1杯

石榴糖浆 10ml

格拉帕果渣白兰地酒 30ml（grappa）

意大利白葡萄酒 50ml

在摇酒壶中装满冰块，倒入石榴糖浆，再加入果渣白兰地和白葡萄酒。充分摇晃，用滤网过滤，倒入马天尼杯即可。

绿色蚱蜢

GRASSHOPPER

10杯

琼脂粉 4g

白可可利口酒 500ml

法国葫芦绿薄荷酒 700ml（Get27®）

淡奶油 500ml

特调鸡尾酒

低温混合琼脂粉和白可可利口酒，烧开后倒入大容器中，冷藏隔夜，使酒冻定形。取出容器后，倒入葫芦绿薄荷酒和冰块，再倒入淡奶油。需要饮用时，混合薄荷酒和奶油即可。准备好勺子，用于挖取酒冻。

智利潘趣

CHILI PUNCH

4.5L

皮斯科葡萄蒸馏酒 1.5L

杏子利口酒 900ml

柠檬汁 1.35L

桃子糖浆 450ml

柠檬 1个

桃子 5个

桃子对半切开，去核。将所有液体材料倒入大容器中搅匀，然后加入一些冰块。柠檬切圆片，和桃子一起放入容器，再次混合即可。

椴树与我

TILLEUL & ME

热鸡尾酒

1杯

洋槐花蜜 1瓶

藏红花花蕊 3根

依兰花花水 1滴

椴树花茶 120ml

青柠檬酒 30ml（Mette®）

在洋槐花蜜中放入藏红花花蕊和依兰花花水，浸渍约1周，期间需要每天搅拌一次，制成花蜜液。泡好椴树花茶，加入1勺花蜜液和青柠檬酒，搅匀后趁热享用。

B-52轰炸机

B 52

1子弹杯

咖啡利口酒 20ml

威士忌乳酒 20ml（如百利甜酒）

法国红带柑曼怡利口酒 20ml

特调鸡尾酒

在子弹杯中倒入咖啡利口酒。将吧匙横向贴住杯壁内部，缓缓倒入威士忌乳酒制作出第一个分层。清洁吧匙后，再以相同方式缓缓倒入红带柑曼怡利口酒，点燃即可（可事先在锅中或微波炉中加热利口酒，以便燃烧）。

绿色野兽

GREEN BEAST

10杯

黄瓜 2根

青柠檬香糖浆 350ml

彼诺茴香酒 350ml

矿泉水 700ml

黄瓜切块榨汁，过滤后倒入制冰盒，冷冻至少3小时。在大容器中放入黄瓜冰块，倒入青柠檬香甜酒、茴香酒和水。搅匀即可。

夏日黄瓜

SUMMER CUCUMBER

1杯

黄瓜 2片

草莓 2颗

鼠尾草 1片

白薄荷利口酒 20ml（如吉发得"Menthe
Pastille®"）

葡萄柚糖浆 10ml

汤力水 30ml（如怡泉）

在摇酒壶中捣碎黄瓜、草莓和鼠尾
草。加满冰块，倒入白薄荷利口酒和葡萄
柚糖浆。盖上后充分摇匀，用滤网过滤，
倒入装满冰块的平底杯中，加入汤力水
即可。

花园派对鸡尾酒

GARDEN PARTY COCKTAIL

4.5L

绿荨麻酒 20ml

青柠檬汁 1.35L

糖浆 900ml

气泡水 适量

青柠檬 1个

在大容器中倒入绿荨麻酒，青柠檬汁和糖浆，然后加入气泡水。搅匀后加入一些冰块。青柠檬切圆片，也加入鸡尾酒中，再次混合即可。

阿玛雷托酸酒

AMARETTO SOUR

1杯

蔗糖糖浆 10ml

柠檬汁 20ml

蛋清 1个

阿玛雷托杏仁甜酒 40ml

装饰

酒渍樱桃 1颗

　　在摇酒壶中倒入糖浆、柠檬汁、蛋清和阿玛雷托杏仁甜酒。充分摇晃后，用滤网过滤，倒入鸡尾酒杯，装饰上酒渍樱桃即可。

诺曼底香槟汤

SOUPE DE CHAMPAGNE NORMANDE

10杯

柠檬汁 150ml

液态糖 150ml

诺曼底苹果开胃酒 100ml

干型苹果酒 750ml

在大容器中装满冰块，倒入鲜榨柠檬汁、糖和诺曼底苹果酒。用吧匙混合，也可以在搅拌机中搅拌10秒。冷藏至饮用时，加入干型苹果酒即可。

布列塔尼香槟汤

SOUPE DE CHAMPAGNE BRETONNE

10杯

鲜榨青柠檬汁 150ml

蔗糖糖浆 50ml

布列塔尼蜂蜜酒 250ml

干型苹果酒 750ml

在大容器中装满冰块，倒入鲜榨青柠檬汁、糖浆和蜂蜜酒。用吧匙混合，也可以在搅拌机中搅拌10秒。冷藏至饮用时，加入干型苹果酒。盛入小碗中饮用。

斯普利兹美人

LA BELLE DE SPRITZ

1杯

薰衣草花水 20ml

阿佩罗橙酒 60ml

起泡白葡萄酒 100ml（如普罗塞克）

柠檬苦酒 30ml

装饰

薰衣草 1根（可选）

柠檬 半片

在红酒杯中加满冰块，倒入薰衣草花水、阿佩罗橙酒和起泡白葡萄酒。混合后用薰衣草和柠檬片装饰即可。

世界鸡尾酒之旅

虽然我们也可以通过80款鸡尾酒来一次环球旅行，但还是专注于最必不可少的经典款式吧，以下都是环球旅行中一定要认识和品尝的鸡尾酒。我们选中了几个国家最具代表性的鸡尾酒。

法国

作为有着葡萄酒传统的美丽国度，这里的酒类财富毋庸置疑总是围绕着葡萄产生。这对于鸡尾酒也是种恩赐！不过，法国的葡萄酒和啤酒文化根深蒂固，鸡尾酒依旧很难与其匹敌。在法国，人们消费最多的鸡尾酒是基尔酒（Kir），是不是很惊讶呢！

黑加仑基尔酒
KIR CASSIS

1杯

黑加仑酒 1/5杯（乐加）
白葡萄酒 4/5杯（勃艮第–阿里高特 Bourgogne aligoté）

在红酒杯中倒入黑加仑酒，再倒入冰的白葡萄酒即可。

意大利

意大利有很多受欢迎的鸡尾酒。富饶的土地成就了一个举世闻名的葡萄种植国，生产者的专业技术也得到了验证。除了生产出色的苦艾酒和苦味酒，意大利还产出高质的起泡酒——普罗塞克。威尼斯每年的游客人数和上客率，绝对能让哈利酒吧成为意大利最火的鸡尾酒会目的地。在这家由朱赛佩·希普里亚尼（Giuseppe Cipriani）创立于1931年的酒吧里，来自全世界的游客都在喝什么呢？自然是诞生于1948年的著名鸡尾酒贝里尼（Bellini），从酒吧开始营业，游客们就来此光顾品尝，想要找到座位，可就需要点耐心了。

贝里尼
BELLINI

1杯

冰镇希普里亚尼普罗塞克起泡酒 2/3杯
新鲜白桃果肉泥 1/3杯

小平底杯中装上冰块，倒入桃子果泥，再加入起泡酒混合即可。

西班牙

　　聚会和夜生活，西班牙夜猫子的名声来自其与露台完美契合的炎热气候。和许多欧洲国家一样，西班牙也有大量的葡萄树，而西班牙人创造出了许多本地特色。虽然听上去奇怪，但是在伊比利亚旅行时，别太期待品尝桑格利亚酒。十多年来，西班牙友人一直向我们介绍的是一款来自英国的金汤力，改良后盛放在球形高脚杯中，并装有特制的冰块。每个酒吧都要小心定制冰块，否则懂行的消费者可能会拒绝品尝。除了其"特定的"冰块之外，这一所谓的"基础款"鸡尾酒也经过了丰富处理，从而拥有炸裂的口感。每种金酒都经过精心挑选，调酒师们会再为它们搭配最合适的汤力水。点睛之笔来自于植物风味，每一款酒都芳香满溢，凸显出金酒与汤力水组合的感官品质。

玛芮金汤力
GIN MARE TONIC

1杯

西班牙玛芮金酒 50ml

怡泉高级青柠汤力水 200ml

迷迭香 1根

柠檬 1块

罗勒 1片

　　在冰的球形深高脚杯（Copa）中倒入金酒，加满冰块后用搅拌勺混合，倒入汤力水，用迷迭香、柠檬和罗勒叶装饰即可。

英国

　　在威士忌的土地上，称王的却是金酒。除了传统的金汤力之外，英国人还十分喜爱一款本地口味的精美鸡尾酒——皮姆之杯（Pimm's Cup）。每个夏天，借着如温布尔顿网球赛，格林德伯恩歌剧节或皇家亨利帆船赛这样的社交活动，这款酒变得越来越受欢迎。这款酒有几种变体，从而获得了更多的人青睐。皮姆一号（Pimm's N° 1）兑上柠檬汽水、生姜汽水、气泡水或者香槟，再点缀上各种时令水果、柑橘、薄荷、黄瓜，赋予其令人愉悦的味道和嗅觉特征。

皮姆之杯
PIMM'S CUP

1杯

皮姆一号酒 60ml

柠檬汽水/生姜汽水/苏打水/香槟 90ml

时令水果 适量

柑橘类水果 1片

薄荷 少许

黄瓜 1片

　　在平底杯中倒入皮姆一号酒，加冰块再加入自选的汽水或酒。轻微搅拌后加入水果、柑橘片、薄荷和黄瓜即可。

美国

如何找到最能代表美国的鸡尾酒呢？这个国家是鸡尾酒的发源地，世界上许多明星酒谱都来自这里。这么看来，最好向这片大陆上最古老的酒谱致敬，这款鸡尾酒每年在5月的肯塔基德比大赛期间都被大规模饮用。两天的赛马大会中，人们至少消费能12万杯薄荷朱莉普！

薄荷朱莉普
MINT JULEP

1杯

薄荷叶 12片

液态糖 25ml

安哥斯图娜苦酒 3滴

肯塔基波旁威士忌 80ml

在银杯（如朱莉普杯）中放入薄荷、糖、苦酒和一半的波旁威士忌。加入碎冰并充分搅匀。此处碎冰可以适当稀释调和鸡尾酒并为其降温。然后加入剩余的威士忌，再放入碎冰，重新搅拌。最后，装点上一小堆碎冰和一枝撒了糖粉的薄荷即可。搭配朱莉普隔冰匙或环保吸管饮用。

墨西哥

这个属于梅斯卡尔酒和龙舌兰酒的国度拥有众多特色酒品，比如史前文明就已经出现的布尔盖酒。如今，人们在打点行装之前就已经开始梦想着喝一杯玛格丽特了。不过，这款墨西哥很具象征性的鸡尾酒，起源其实很模糊，好几位调酒师都想要将其占为己有。玛格丽特的发明似乎是很女性化的：玛格丽特·萨默斯夫人想出了一个点子，要用混合了龙舌兰，橙味甜酒和青柠檬汁的饮品来招待客人。而后，被这款酒深深迷住的客人们就赋予了它宴会女主人的名字。

玛格丽特
MARGARITA

1杯

龙舌兰酒 50ml

橙味甜酒 30ml

青柠檬汁 20ml

摇杯中装入四分之三的冰块，倒入所有配料，摇晃10秒后过滤，倒入一个杯沿蘸有细盐的鸡尾酒杯即可。（四分之三的杯沿先蘸取青柠檬汁，再蘸上细盐，留出四分之一不蘸取，则可以给客人不搭配细盐饮用的选择。）

阿根廷

如果说哪个国家的鸡尾酒消费量超出了人们的预期，那就是阿根廷。当时的意大利移民带去了当地的特色酒，而使阿根廷人成为了菲奈特·布兰卡（Fernet Branca）的狂热消费者。这种由具有促进消化功能的苦味植物制成的意大利酒，在阿根廷并不会单独饮用，它与可乐一起，构成了人人都爱的可乐菲奈特。

可乐菲奈特
FERNET COLA

1杯

菲奈特布兰卡 60ml

可口可乐 90ml

在平底杯中倒入菲奈特布兰卡，加入冰块，再倒入可乐即可。

古巴

在古巴，尤其是在哈瓦那，要在莫吉托，得其利，自由古巴和坎查哈啦中选择，真的不容易，这些鸡尾酒在当地都颇负盛名。一天中的每个时刻，都有自己的鸡尾酒，每个酒吧也都有自己的特色。如果必须选择一个，一定是莫吉托，这款酒被全世界的人喜爱，同时又被职业生涯里做了无数次的调酒师们厌倦。这就是名气金币的反面吧。那么不如选择得其利，作为此地象征性的鸡尾酒，它于1896年在古巴东部一个叫"得其利"的铁矿中获得了认可。

得其利
DAÏQUIRI

1杯

百加得白朗姆酒 50ml

青柠檬汁 25ml

糖粉 2小匙

在摇酒壶中倒入所有配料，加满四分之三杯等量的碎冰和冰块。充分摇晃10秒，过滤，装入鸡尾酒杯即可。

粉红斯普利兹

ROSIE SPRITZ

1杯

玫瑰花苞调味意大利粉红葡萄酒 100ml

鲜榨葡萄柚果汁 30ml

意大利起泡白葡萄酒 100ml（如普罗塞克）

柠檬汽水 40ml

装饰

葡萄柚 1片

在红酒杯中装满冰块，然后倒入粉红葡萄酒、葡萄柚汁、起泡白葡萄酒和柠檬汽水。搅拌后，用一片葡萄柚装饰即可。

Note

小贴士

制作玫瑰花苞调味粉红葡萄酒：在一瓶酒中放入15～20颗玫瑰花苞，冷藏浸泡约24小时。

绿精灵

GREEN FAIRY

1杯

巴旦木糖浆 30ml

鲜榨青柠檬汁 30ml

苦艾酒 30ml

气泡水 30ml

黄瓜 1/4根

　　在摇酒壶中加满冰块，倒入除气泡水和黄瓜之外的材料。摇晃约10秒钟。倒入装满冰块的花式酒杯中，然后加入气泡水。黄瓜切圆片后，放入杯中即可。

意大利之梦

ITALIAN DREAM

1杯

粉红葡萄酒 120ml

覆盆子 6颗

手工柠檬汽水 100ml

在球形杯中装满冰块，倒入粉红葡萄酒，加入柠檬汽水，搅匀。摆上覆盆子即可。

京都清酒潘趣

KYOTO SAKÉ PUNCH

4.5L

日式清酒 1.5L

葡萄柚果汁 900ml

柠檬汁 1.35L

龙舌兰蜂蜜 450ml

绿色塔巴斯科辣椒酱 10滴

葡萄柚 1个

柠檬 1个

在大容器中倒入所有液体材料和蜂蜜，搅匀后加入一些冰块。葡萄柚和柠檬切片，放入容器中，再次混合即可。

无酒精鸡尾酒

　　无酒精鸡尾酒，英文也称作"virgin cocktail"或"mocktail"，曾有过一段艰难时期，甚至如今还会被一些调酒师鄙视，也经常被消费者认为是扫兴的饮料。但是，在国际鸡尾酒会的舞台上，所谓的"高级"酒吧技术的普及，已经使局面有了改善。无酒精鸡尾酒远不仅是简单地混合果汁，也不是去除经典鸡尾酒里的酒精就好，新的流行旨在创造出全新的饮品，不论在技术还是在口味上都新奇有趣，甚至可能超过鸡尾酒。

　　提取，浸泡以及草本植物的注入，都为饮品带来了丰富的香气，而自制的糖浆，果汁甜酒，果子露或者果汁等，又可以带来独特的味道。蒸馏不含酒精的材料，也可以靠着技艺或者最终成果创造出惊喜。

　　这场无酒精的时尚开始深深地融入潮流，各种年度"鸡尾酒周"也证明了这一点，每个参加的机构，除了含酒精鸡尾酒，也会展示自己的无酒精代表作。可见，点酒时的偏见该结束了，从名称到调制，再到最后的呈现，无酒精鸡尾酒完全无需再羡慕含酒精的鸡尾酒。

鸡尾酒精神万岁！

鲜绿茶

FRESH GREEN TEA

10杯

凉绿茶 1L

青柠檬 3个

新鲜薄荷 6枝

桦树汁糖浆 100ml

白葡萄果汁 200ml

白葡萄 1串

用75℃的1L热水冲泡绿茶4分钟，放凉。取一个青柠檬，切圆片，其他两个榨汁。切碎薄荷叶，然后将所有材料放入大容器中，倒入桦树汁糖浆和白葡萄汁。加入碎冰后搅拌。最后加入凉绿茶。再次搅拌后，用大勺盛入花式酒杯中饮用。

小恶魔
DIABLOTINI

1杯

红甜椒汁 50ml（见p146）

草莓汁 50ml

香料糖浆 10ml（莫林）

手工柠檬汽水 适量

装饰

小红辣椒 2个

在摇酒壶中倒入红甜椒汁、草莓汁和香料糖浆，装满冰块后用力摇匀，用滤网过滤，倒入花式酒杯。加少许手工柠檬汽水，把两根辣椒分别装饰在酒杯两边，摆成小恶魔角样式即可。

猫步
PUSSY FOOT JOHNSON

1杯

蛋黄 1个

柠檬汁 30ml

橙汁 90ml

石榴糖浆 10ml

在摇酒壶中放入蛋黄、柠檬汁和橙汁。加满冰块后使劲摇匀。用滤网过滤，倒入装满冰块的平底杯中，再加入少许石榴糖浆即可。配合搅拌棒和吸管品尝。

马若雷勒花园

JARDIN DE MAJORELLE

1杯

新鲜薄荷绿茶 60ml

玫瑰水 1小匙

蔗糖糖浆 20ml

去皮开心果 少许

橙花水 1小匙

松仁 1小匙

热 鸡 尾 酒

直接在茶壶中泡好绿茶，加入橙花水和蔗糖糖浆。在杯中放入开心果和松仁，倒入绿茶混合物即可。

彩味
COLORS

色彩和味道的演出，人人都喜欢！

1杯
覆盆子糖浆 20ml
香蕉汁 100ml
草莓汁 100ml

在花式酒杯中倒入覆盆子糖浆，然后缓缓加入香蕉汁。加满冰块后，轻轻倒入草莓汁即可。

特调冰茶
SPECIAL ICE TEA

还有什么比一杯自制冰绿茶更解渴呢？用各种口味的糖浆来增加乐趣吧！按喜好泡好茶，放凉后尽情享用！

1杯
僧侣茶 1包
桃子糖浆 20ml（或香草，根据喜好选择即可）
柠檬皮和橙皮 适量

装饰
柑橘果皮

用200ml开水，照包装上的冲泡时间泡好僧侣茶，放凉后加入桃子糖浆。再泡入几片柑橘类果皮用来加强口感。倒入加满冰块的花式酒杯中冰饮。用柑橘类果皮装饰即可。

Note
小贴士 ——————————

僧侣茶（Thé des Moines），一种法国茶包，含68%的红茶，27%的绿茶，配有茉莉花、金盏花、香草和其他香料。

雏菊之悦
DAISY DELIGHT

1杯

黄瓜汁 30ml

荔枝汁 30ml

手工柠檬汽水 适量

装饰

黄瓜片或荔枝 少量

在红酒杯中倒入黄瓜汁和荔枝汁。加满冰块后用吧匙搅匀。加入手工柠檬汽水，再次混合。装饰上黄瓜片或荔枝即可。配合吸管，趁冰饮用。

Note
小贴士

制作黄瓜汁：用榨汁机或搅拌机。将黄瓜洗净，削去一半皮，切小块，放入搅拌机中，加入少许矿泉水，搅拌后用滤网过滤即可。

红灯
FEU ROUGE

1杯

覆盆子果汁 80ml

草莓汁 80ml

黑加仑糖浆 20ml

有机原味酸奶 半杯（50~60g）

装饰

草莓圆片

在搅拌机中倒入覆盆子汁、草莓汁、黑加仑糖浆和原味酸奶。加满冰块后搅拌10秒。装入花式酒杯，用草莓圆片装饰即可。搭配搅拌棒和吸管享用。

交际花

BELLE OTERO

1杯

接骨木花露　20ml

覆盆子果泥　20ml

冷茉莉花茶　40ml

蔓越莓果汁　40ml

装饰

红醋栗　1串

　　在摇酒壶中装满冰块，倒入接骨木花露、覆盆子果泥、冷茉莉花茶和蔓越莓果汁。充分摇晃后用滤网过滤，倒入装满冰块的红酒杯中。用红醋栗装饰，配一根吸管即可。

Note

小贴士

　　这款酒的原名来自法国"美好年代"（1871~1914年）著名社交名媛贝尔·奥特罗（Belle Otero）。

　　接骨木花露比传统的糖浆更精致，与浓缩汁相似，有水果和香料的天然香味。如果没有，可以使用生姜糖浆代替。

梦幻热饮
FANCY HOT DRINK

1杯

淡奶油 120ml

黑巧克力 2条（30~40g，如梵豪登）

全脂牛奶 150ml

鲜奶油 1汤匙

装饰

巧克力碎

热鸡尾酒

在奶油发泡器中放入淡奶油，打入两只发泡剂。上下旋转发泡器，让气体流通，冷藏24小时待用。在锅中小火融化黑巧克力，加入全脂牛奶和鲜奶油。倒入杯中，再加上做好的打发奶油，用巧克力碎装饰即可。

下一步
NEXT STEP

1杯

淡奶油 120ml

埃塞俄比亚咖啡 80ml

肉桂糖浆 20ml

装饰

细橙皮 适量

肉桂 1支

热鸡尾酒

用叉子或奶油发泡器打发奶油，冷藏待用。煮好埃塞俄比亚咖啡，盛入杯中，加入肉桂糖浆。挤上打发奶油，装饰上细橙皮和一支肉桂即可。

茱莉亚娜

JULIANA

1杯

百香果汁　40ml

桃子汁　40ml

橙汁　40ml

肉桂糖浆　10ml

装饰

百香果半个或肉桂棒1支

在搅拌机或摇酒壶中依次倒入百香果汁、桃子汁、橙汁和肉桂糖浆。加入冰块后搅拌或用摇酒壶混合，装入花式酒杯，用百香果或肉桂棒装饰即可。配合搅拌棒和吸管饮用。

提卡1号

TIKA ONE

1杯

杏子汁　80ml

梨子汁　80ml

开心果糖浆　20ml

原味希腊酸奶　半杯（50~60g）

装饰

梨子薄片　适量

在搅拌机中倒入杏子汁、梨子汁、开心果糖浆和原味酸奶。装入冰块后搅拌。倒入花式酒杯，用打开呈扇形的梨子薄片装饰即可。配合搅拌棒和吸管饮用。

漂亮妈妈

PRETTY MAMA

谁的心里不记着母亲温柔的香气呢？这款鸡尾酒就献给我们的妈妈！

1杯

苹果汁 30ml

杏子汁 30ml

橙汁 30ml

菠萝汁 30ml

桃子糖浆 10ml

装饰

苹果或桃子 1块

在搅拌机或摇酒壶中倒入苹果汁、杏子汁、橙汁、菠萝汁和桃子糖浆。加入冰块后搅拌，或用摇酒壶摇匀。装入花式酒杯，用苹果或桃子块装饰即可。配合搅拌棒和吸管享用。

香草之味
SAVEUR VANILLE

1杯

薄荷 12片

葡萄柚 4小块

香草糖浆 30ml（或香草砂糖）

汤力水 适量（如怡泉）

装饰

薄荷 1枝

葡萄柚 1片

在花式杯中混合捣碎薄荷、葡萄柚块和香草糖浆。加满冰块后倒入汤力水。用薄荷和葡萄柚薄片装饰即可。配合搅拌棒和吸管享用。

圣意大利
SAN ITALIA

1杯

橙子 半片

意大利圣比特苏打水 120ml

葡萄柚果汁 60ml

苏打水 30ml（如巴黎水）

红酒杯中加满冰块，放入橙子片，倒入其余材料，搅匀即可。

WHAT?

4杯

南非博士茶 360ml
樱桃（车厘子）果汁 200ml
鲜榨青柠檬汁 120ml
洛神花糖浆 120ml

泡好博士茶后，在冰箱冷藏放凉。在摇酒壶中装一半冰块，倒入樱桃汁和鲜榨青柠檬汁。加入博士茶和洛神花糖浆，充分摇晃混合。用滤网过滤，倒入酒杯即可。

椰香芦荟

ALOE SI

4杯

加勒比芦荟荔枝风味果汁 400ml（Caraibos®）
椰子水 280ml
库拉索糖浆 120ml

在摇酒壶中装满一半冰块，倒入芦荟荔枝果汁、椰子水和库拉索糖浆。摇晃约10秒。用滤网过滤，装杯即可。

蔬果派对

VEGETITO

10杯

猕猴桃 1颗

黄瓜 半根

青苹果 1个

芹菜 半支

香茅 1支

薄荷 1把

青柠檬汁 200ml

糖浆 150ml

苹果原汁 750ml

猕猴桃、黄瓜、苹果、芹菜和香茅都洗净、去皮，切块后放入大容器中，加入略微切碎的薄荷。再加入青柠檬汁、糖浆和冰块。搅匀后加入苹果原汁。浸泡几分钟，装入加有冰块的水杯，配合吸管饮用。

夏之吻

SUMMER KISS

10杯

甜瓜 1个

黄瓜 半根

草莓 150g

巴黎水 1L

　　甜瓜和黄瓜去皮，去子，切块后放入搅拌机混合约20秒。草莓洗净后对半切开，和冰块一起放入大容器。再倒入甜瓜黄瓜混合物，加入巴黎水即可。

泽布伦

ZEBULON

1杯

芒果 半个

草莓 4个

菠萝汁 100ml

香菜 1根

芒果切块，草莓对半切开，香菜切碎。在搅拌机中放入草莓、芒果、菠萝汁和香菜。搅拌约10秒后加入冰块，再搅拌5秒。倒入平底杯中饮用。

桃子攻击

TALA PÊCHE

1杯

桃子 1个

杏 2个

姜黄粉 少许（1g）

现榨橙汁 100ml

气泡水 30ml

桃子去皮切块，杏去核，放入搅拌机中，加入姜黄粉、橙汁和冰块，搅拌约10秒。盛入花式酒杯，加上气泡水即可。

轻盈可拉达

VIRGIN COLADA LIGHT

用无添加糖的椰子水代替高含糖量的传统椰奶，就可以制作这个轻盈版本了！

1杯

椰子水 100ml

菠萝 6块

蔗糖糖浆 10ml

装饰

椰蓉（椰子粉）

在搅拌机中倒入椰子水、菠萝块和蔗糖糖浆，搅拌较长时间。在平底杯边缘沾一层椰蓉，加入碎冰，倒入鸡尾酒即可。

巴西来客

DO BRASIL

1杯

菠萝 1/4个

西番莲果汁 40ml

橙汁 40ml

菠萝切成3cm宽的块，放入搅拌机中。再加入西番莲果汁和橙汁，搅拌约10秒后，倒入装满冰块的酒杯即可。

调酒材料索引

333

图书在版编目（CIP）数据

鸡尾酒全书：210款酒谱及调酒技巧 / 法国拉鲁斯出版社编；吴心怡译. — 北京：中国轻工业出版社，2021.6

ISBN 978-7-5184-3427-5

Ⅰ．①鸡… Ⅱ．①法… ②吴… Ⅲ．①鸡尾酒 - 配制 Ⅳ．① TS972.19

中国版本图书馆 CIP 数据核字（2021）第 043113 号

责任编辑：杨　迪　　责任终审：张乃東　　整体设计：锋尚设计

责任校对：朱燕春　　责任监印：张京华

出版发行：中国轻工业出版社（北京东长安街6号，邮编：100740）

印　　刷：北京博海升彩色印刷有限公司

经　　销：各地新华书店

版　　次：2021年6月第1版第1次印刷

开　　本：710×1000　1/16　印张：21

字　　数：400千字

书　　号：ISBN 978-7-5184-3427-5　定价：98.00元

邮购电话：010-65241695

发行电话：010-85119835　传真：85113293

网　　址：http://www.chlip.com.cn

Email：club@chlip.com.cn

如发现图书残缺请与我社邮购联系调换

200370S1X101ZYW